フジテレビ
プロデューサー
血風録

楽しいだけでもテレビじゃない

Hideaki Ota
太田英昭

幻冬舎

フジテレビ プロデューサー血風録

楽しいだけでもテレビじゃない

まえがき

「楽しくなければテレビじゃない」。これは、フジテレビ全盛時代を作ったキャッチコピーだ。凋落《ちょうらく》したとはいえ、フジの人々には今もＤＮＡとも言うべきオーラを持つ言葉である。そんなフジテレビの番組制作の王道は今も昔もドラマとバラエティ。その脇に報道、スポーツ、さらにその端に情報番組がある。

すべてを支配しているのが編成だ。編成は番組全体のいわば司令塔。制作予算をすべて握っている。かつては年間一千億円近い予算規模だった。営業も編成の朝令暮改、〝横暴〟に耐え、黙して稼ぐのが営業マンの心構えであり誇りというのだから、まさに「編成王国」である。ちなみに、１９８８年に現取締役相談役の日枝久さんが50歳にして社長に就いて以来、現社長の遠藤龍之介さんに至る６人の社長のうち、５人が編成中枢を歩んでいる。

タイムテーブルのどの時間に何を置くか、ドラマかバラエティか情報番組か、局内制作か外部発注か、大事件、大災害発生時の特番をどう組むか。編成は企画の決定から系列ネット局、スポンサーの意向を伝える営業との調整に至るまであらゆる決定権を持つ、いわば参謀本部。その下に制作現場の各部門がある。

私は、その指揮下の末端、王国の辺境で生きてきた。エログロ事件、芸能人のゴシップ、スキャンダルを主なネタとするワイドショーのディレクターとして、30代を過ごした。報道からは蔑《さげす》まれ、ネタの賞味期限が切れるや「何も、そこまでやらなくても！」と世間からハエかゴキブリのごとく叩かれ、嫌われ、バカにされた。ロス疑惑、山口組対一和会の抗争、殺人事件の周辺でもがき、嗅《か》ぎ回り、走り回り、徹夜の連続でも大酒を飲み、裏通りの視聴率競争に血道を上げていた。

85年、38歳の8月だった。日航機が御巣鷹の尾根に墜落。乗客のひとりだった大学時代の親友が死んだ。もうひとり、坂本九さんとも縁があった。私はワイドショー『おはよう！ナイスデイ』の放送現場に連日いながら、「そろそろ、この稼業も潮時かなあ」と、日に日に醒《さ》めていく自分に気づいていた。事件、事故、人の死をメシの種としているうちに、身近な人の死まで、ついに仕事になってしまった。そんな気分になっていたのだ。

それから30年余りがたった。その大半は番組作りの現場だった。フジテレビがゴールデンタイムで初めてスタートさせた1時間の情報番組『なんてったって好奇心』。探検家、関野吉晴さんと組み、10年がかりで制作したシリーズ・スペシャル『グレートジャーニー』。今は亡き畏友《いゆう》、ＢＳフジの社長を務めた北林由孝さんと奔走し、実現させた『プライムニュース』……。数多くの安請け合い、その時々の野心があり、笑ってしまうほどの困難に恵まれた。

　思い返せば、私は一体、何度、安請け合いをしてきただろうか。軽率に引き受けて食欲を失い、寝汗までかき、目覚めてつくづく自分を呪った。面倒は引き受けたくない。それが普通だ。「少し考えさせてください」。なぜ言わなかったのだろうか。そこそこの野心があっただけだ。

　私の出自はワイドショーである。私は腹をすかせたテレビ屋だった。自分が作った番組を「作品」と呼べる人は自らをテレビ屋とは言わないだろう。私は自慢じゃないが、ただの1本も、台本も、同録したビデオも残していない。放送が終われば、「ハイ、それまでよ」と粋がっていたのだ。チャンスがあれば、見境なく飛びついた。『アルビン・トフラーのパワーシフト』『徹底比較・日独戦後補償の47年』『日米緊迫スペシャル』……。思いっきりフジテレビらしくない単発スペシャルを随分と作った。編成担当役員に「領土拡張主義の全共闘！」とからかわれ、胸の内で毒づいた。

「上等だ！　お前らに貧乏人の気持ちは分かるまい！」「楽しいだけでもテレビじゃない」。本気でそう思い、そううそぶいていたのだ。

50歳で局長に昇格してもワイドショーを担務、相変わらず辺境の住人だった。思いもかけず現場を離れ、総務、人事など管理部門を担当する役員になったのは59歳。親しい友人からかけられた言葉は「お前が役員になるとは信じられない」だった。

その7年後、66歳でフジテレビの親会社である上場企業、フジ・メディア・ホールディングスの社長に就任。まさに万馬券、あり得ない出世だった。団塊の世代のひとつ上に生まれ、あの全共闘の時代に大学生になり、アルバイトに精を出しながらも時にバリケードの中に泊まり込み、学生運動を取材しているメディアに興味を持ち、運良くフジテレビに入社した。そんな私を発見し、ここまで鍛え、育ててくれた人がいたのだ。


これから語るのはテレビ屋としての私のセンチメンタル・ジャーニーである。テレビは今やオールドメディアとまで呼ばれ、なけなしの人材までネットメディアに流出しているようだ。テレビは本当に魅力なき業界に変わってしまったのだろうか。

私は、終わった人である。過去を語ることしかできない。このささやかな一冊は、その記憶に過ぎない。そして、時に世迷言をつぶやく。

目次

第6章 ビッグプロジェクト

テレビと新聞

第1章

事件と、私

あの全共闘の時代、凡俗のひとりである私は叛乱《はんらん》という言葉にたぎる思いはあったが、何ほどを賭すこともなくメディアに滑り込んでいた。69年春にフジテレビに入社してわずか８年の間にも有為転変があり、私は大阪にいた。

77年、私は31歳だった。営業局関西支社で代理店と一緒になって、大阪のスポンサー相手にローカルタイム枠とスポットＣＭを売る仕事をしていた。ローカルタイムとは全国エリアでなく、東京エリアでしか放送しない番組。スポットは基本的に15秒の枠。

テレビのスポットＣＭとは通常、スポンサーが代理店経由で局に予算を伝え、局側はそれに対してタイムテーブルに線を引き、この時間帯に何本、ここには何本と作案して戻す。その作案を担当するのがスポットデスクで、私のメインの仕事だった。引き合いが成立するかどうかは、他局との競合なので案の内容次第となる。

ＣＭは総放送時間の中の18％という総量規制があるから、引ける本数は全局ほぼイコール。しかし、例えば視聴率を20％とっている枠に１本線を引けば20％になるが、もし同枠でフジが５％しかとっていなければ、４本出さないと相手にならない。視聴率の高い局は本数を多く出さなくても、スポンサー企業が要求する延べ視聴率、ＧＲＰに達する。この頃のフジは、今どころではないほど視聴率が低かったので、相当の本数を出さなければ目標ＧＲＰに到達しなかった。しかし、焦って営業をかけて競合他社からとったとしても、スポット本数の在庫が限られているのでパンクするだけだ。

　しかも、全体の在庫管理は東京本社で、彼らはその在庫状況を大阪に開示してくれないどころか、あくまで東京ファースト。大阪に投げてくる作案は過酷なもので、本社の関西担当デスクとのやりとりは困難を極めた。

おはよう！ナイスデイ

ワイドショーの道

　79年の年明け。当時フジテレビには正月明けに、自分が何を目指したいかを申告できる「未来リポート」を提出する制度があった。駄目元で「私のように制作現場、または報道現場で可能性のある若者に、大阪辺りでスポットを売らせている暇はないんじゃないか。さっさと東京へ戻して、鍛え上げて、強い兵隊に育てるべき」と倨傲《きょごう》、激越、戦闘意欲満々に書いてみた。このままでは意気阻《そ》喪《そう》し、停滞の人生になるのではないか、と思ったのである。通常４〜５年が大阪での〝年季奉公〟と言われていたが、その年の７月にまさかの辞令がくだったのである。大阪生活は２年半だった。

局に戻った私は、３か月後にフジ制作への出向を命じられる。この頃、フジテレビはフジプロダクション、フジ制作、ワイドプロモーション、新制作など系列プロダクションをいくつも持ち、制作ブロックを外部化していた。私以外にも同じタイミングで出向した者は５人いたが、翌80年、今度は６人がそろって本社に返されることになる。

これには、フジテレビの大改革が絡んでいた。社の方針として10年間、制作現場を外部化していたが、コストダウンにつながらないどころか視聴率も大幅に落ちた。新たな経営判断により、制作プロダクションを解体、プロパー採用の人間もフジテレビで一気に社員登用、外部の血の大量導入で現場の活性化を図る。その数約３００人。とんでもない内容だった。

ちょうどこの時期、フジサンケイグループ総帥の鹿内信隆さんの息子・春雄さんが、ニッポン放送、ポニーキャニオンを経てフジへと移ることになっていた。そのタイミングに合わせた大改革だった。後になって考えてみると、私たちが制作プロダクションに現場要員として出向していたのも、この改革にそなえてプロダクションと局員の顔をつないでおく意味があったのかもしれない。

そして私は旅番組『わが旅わが心』、ワイドショー『小川宏ショー』を経て、82年に『おはよう！ナイスデイ』の立ち上げスタッフとなる。30代を過ごした『おはよう！ナイスデイ』で私のテレビ屋人生が本格的に始まった。内奥でくすぶっていた熾火《おきび》から炎が立ち上がってきたのである。

疑惑の男

82年春。私は月曜日のチーフディレクターを担当していた。様々な事件に遭遇したが、これほど追いかけ、振り回された人はいなかったかもしれない。「ロス疑惑」の主人公となった、三浦和義さんである。

「ロス疑惑」は、81年11月に、ロサンゼルスを走る高速道路脇フリーモント地区の駐車場で、輸入雑貨商の三浦和義さんの妻、一美さんが銃撃されて重体になり、三浦さん本人も足を撃たれることから始まる。

82年1月、三浦さんは重篤な状態の奥さんを日本に連れ帰る。神奈川県伊勢原市の東海大学医学部付属病院に移送するために、米軍のヘリが病院近くの広場に着陸。三浦さんが発煙筒をたいてヘリを誘導した。この光景を当時フジのニュースキャスターだった故・逸見政孝アナウンサーが、泣き声で絶叫リポートしている。その映像がいまだに使われることがあるが、今思えば、別に夜でもないし、見晴らしのよい所で、なぜ発煙筒をたいているのかよく分からない。しかし、当時はそんな疑問など持たないぐらい、「うわー、大変な目に遭っちゃって！」、悲劇の主人公として「気の毒にねえ……」が人々の気持ちだった。

しばらくたって、たまたまネタがなくて困っていた時に、三浦さんの奥さんはどうなったかなと、ふと思い出した。当時『ナイスデイ』は須田哲夫アナウンサーがメインで、田丸美寿々アナウンサーがサブキャスター。彼女に話してみたら「気になりますね」と言う。東海大病院で田丸さんがインタビュアーとなり、三浦さんに取材した。病室には入れなかったが、病院のエントランスで腰かけて話を聞いた。三浦さんは涙声で「何でこんなふうになっちゃったんだろう」と訴えていた。

ひと月もたたない11月30日。その日はたまたま私の担当曜日で前夜から会社に泊まり込んでいた。朝方4時か5時ぐらいに、交換手から「三浦さんという方から電話です」と告げられる。電話に出ると、「三浦和義です。妻が先ほど亡くなりました」と言う。私はびっくりして、すぐに「これから弔問に伺ってもよろしいですか？　すみません、カメラも持っていきたいのですが」と断ると、「どうぞ」と。田丸さんに連絡し、すぐにクルーを引き連れて出発した。ご自宅でご遺体に手を合わせた後、三浦さんにインタビュー。三浦さんは涙ながらに「とにかく犯人を捕まえてほしい」と語ってくれた。

撮った映像はすぐに、当時、河田町にあったフジテレビに無線で飛ばし、私は局まで急いで帰った。『ナイスデイ』の放送は既に始まっている。地下にあった編集室で超特急で編集し、「ロサンゼルスで銃撃された女性が今朝死亡」との速報を、流すことができた。

大捜索inロンドン

84年1月、事態は一変する。『週刊文春』が「疑惑の銃弾」のタイトルで、ズドーンと衝撃的なスクープ記事、今で言う〝文春砲〟を連続的に飛ばしたのだ。三浦さんに生命保険会社から1億5500万円の保険金がおりていて、保険金殺人の疑いありとの内容だった。悲劇転じて疑惑なわけだから、衝撃は大きい。

私が直近の取材をしているので、スタッフ会議では「太田はどう思う?」とプロデューサーから聞かれた。私は「いくらなんでも悪意のある飛ばし記事ですよ」と頑強に言い張った。本当にそう思っていたからだ。だが、シリーズ「疑惑の銃弾」は、さすがに相当の時間と手間をかけて取材をしているので、どう考えてもリアリティーがある。『ナイスデイ』はもちろん、全局のワイドショー、スポーツ紙、週刊誌も後追いして、メディアはこのネタで洪水状態になった。

あの当時のことをご記憶の方は分かると思うが、三浦さんは〝出たがり屋〟でおしゃれ、おしゃべり、サービス精神旺盛。「劇場型犯罪」めいていて、主役そのもの。連絡すると、三浦さんはすぐに電話を返してくれる。だが、そのうち自分の都合のいいメディアとは仲良くするが、そうではないところとは一切接触を絶つようになった。しかも、都合が悪くなると国外に〝脱出〟。それをメディアが追いかけ回す〝三浦劇場〟はそれから1年半も続いた。

その流れの中で、ロス疑惑をしつこく取材していた『ナイスデイ』のディレクターが、一枚のはがきを手に入れる。三浦さんが親戚に出したはがきだった。消印には、「パディントン」。

各曜日のチーフが参加する会議で、部長が「イギリスのパディントンに誰か行って、三浦を捜してこい」と言う。部長は子供のぬいぐるみ、パディントンベアで地名を知っていたのだ。ところが、「パスポートが切れている」「身内が今病気で」と、みんな逃げ腰。確かに消印だけでは、二の足を踏み、尻込みする。私は三浦さんが雑貨輸入の拠点にしていたロサンゼルスを中心に、３週間彼を捜し続けて空振りして帰ってきたばかり。ヘトヘトだったが、部長と目が合ったら「行ってくれ」と……。

海外取材に欠かせないのは、現地に詳しいコーディネーターだ。ロンドンに着いて早速、フジのドキュメンタリーチームの先輩から紹介してもらったコーディネーターの林隆さんと会った。林さんはもともと、日本の出版社で編集者をしていたが、英国での生活を選び、ロンドンに移り住んだ人だ。

林さんが言うには、「日本のテレビ屋さんの悪いところは、カメラマンから音声から通訳まで、全部日本から連れてくること」。「外国取材は現地の人間を使うのが一番いい。地元のコネクションも人脈もいろいろ持っているし、特にロンドンはスコットランドヤードじゃないけど、スパイものが大好きな人間が多いから、そういうクルーをうまく使えば、結構いい取材ができるんじゃないですか」と率直に助言してくれた。林さんにクルーを組んでもらうところから、三浦さんを追う旅は始まった。

まず向かったのはハイドパークに近いパディントン駅。上野駅を思わせるような、巨大ステーションで、周りにホテルもザーッと建っていて、とても広いエリア。日本だと外国人は目立つが、ロンドンは多国籍シティー。日本人がいたって、中国人もベトナム人も似たようなものだから、誰も気にもしない。

東京からは連日のように情報が寄せられた。「三浦さんの子供が風邪をひいたらしい。病院を当たってくれ」というものもあった。ロンドン市内には総合病院から小さい病院まで、とんでもない数の病院がある。私は英語がろくにできないから、最初のうちは林さんの奥さんに同行してもらって当たり始めた。そのうち奥さんが風邪をひいて、ひとりでやるしかなくなった。5月だったが、ロンドンはとにかく寒い。しかも震えるほど冷たい雨が多い。そんな中、病院を訪ねては、日本人で、風邪をひいた小さい子供を連れていた人はいないかと、写真片手に尋ね回った。

さらに、ポートベローというマーケットでの目撃情報が東京から来た。行ってみると、上野のアメ横よりも、もっと大きな雑貨市。観光客も多かった。こんな調子で聞き込みを毎日やり続けるが、収穫はない。延々とこれをやり続けるのかと、途方に暮れていく。

見るに見かねた林さんから息抜きを勧められ、ピカデリーサーカス近くの映画館でアル・パチーノの『スカーフェイス』を見たが、ほぼ全編「Fuck Fuck Fuck you」の究極のバイオレンス、マフィアものでどっと疲れが出た。

直撃!

三浦さんが車好きなことを思い出し林さんに話すと、林さんがレンタカー会社に当たることを思いついた。「レンタカー、日本人、短期滞在」を手掛かりに捜しているうちに、フォードのグラナダを購入していることを突き止めた。

そのナンバープレートを手掛かりに居場所を絞り込んでいったところ、ついに発見！　イギリス人クルーの警察人脈も役立った。アパートの何階にいるかまでも突き止めた。すぐにその部屋が見える道路の反対側のアパートを当たると、たまたま空き部屋があった。そこを借りて、向こうから見えないようにカーテンに穴をあけ、24時間の定点観測を開始。東京の『ナイスデイ』のキャスター、須田君に、ロンドンに急遽《きゅうきょ》来てもらう段取りを組み、タイミングを見て直撃することにした。

何日かウォッチしていると、ピローケースに洗濯物を詰め込んでランドリーに行く様子や、ベランダで周囲をさりげなく探るように見ている、まるでフィルム・ノワール（犯罪映画）のような質感の映像が撮れた。

ロンドンのテレビクルーはこの仕事に大乗り気で、実に勘働きのきく若いカメラマンや、中国料理のデリバリーが大好物の音声など、林さんのそろえてくれたクルーには大いに助けられた。余談だが、私はこの張り込み中に初めて「ホットアンドサワー」という、すっぱいチャイニーズスープを知った。ホットアンドサワーを注文すると、今でもあの寒かった５月のロンドンでの張り込みを思い出す。

そうこうするうちに須田君が到着して、１日、２日。どうもこちらの気配を察知されたような雰囲気が漂った。アパートを出る瞬間を狙って直撃取材するわけだから、出るのは明け方か夜かみたいな話をしながら、いつでも直撃できるように待機していた。

予測した通りだった。次の日早朝、彼は家族を連れて車で〝脱出〟しようとした。須田君がそこに駆け付け、「三浦さん、一連の事件のことなんですが？」とぶつけると、驚愕《きょうがく》の表情を見せた。さすがにパフォーマンスは一切なく、怒りの形相で、車に乗り込むとその場から急発進で離れていった。こちらは、ロンドン周辺ならナンバープレートから大体把握できると、無理して追いかけることはしなかった。

この直撃取材の映像と、撮りためた映像を粗編集して東京に電送で送った。東京にいる『ナイスデイ』のチームでは、〝独占映像〟を各曜日にどう配分するかで揉めに揉めたらしい。映像を送り、やれやれとホテルに戻った夕方頃、部長から電話があった。追跡の一部始終について、当時の『週刊サンケイ』（現『ＳＰＡ！』）から寄稿依頼が来ているという。疲れているだろうから、産経新聞ロンドン支局の記者が話を聞いてまとめるとも。だが、私はかつてフジテレビから『夕刊フジ』に出向して、72年から記者を4年半ほどやっていて、書くのは苦ではなかったし、この原稿だけは自分で書き上げたいと思った。

締め切りがすぐで、徹夜で仕上げなくてはならなかった。ホテル近くのスーパーで、サーモンの薫製とビーフジャーキー、ウイスキー1本、氷と水を買った。飲みながら必死で書いた。

記事のタイトルは「探索3週間！　ロンドン潜伏の『三浦和義氏』追跡劇の全容」。

翌朝、産経新聞のロンドン支局から原稿を送った。手伝ってくれたのは、『夕刊フジ』時代の先輩だった。

ロンドンから東京に帰ると、スクープということで、当時編成局長だった日枝久さんから編成局長褒賞をいただいた。日枝さんからは「ロス疑惑という事件に関わることなので、表立って賞を与えるということにいささかたじろぎがある。張り出しはしないが、人事の評価はきちんとする」と言われて、気配りの人だなあと妙に感心した。

自己顕示欲の人

逮捕されることも視野に入れて、特番用の映像も撮っておきたいという話になり、今度は山中秀樹アナウンサーと一緒にロンドンへ行った。この時はロンドンから小一時間、ガトウィック空港に近い一軒家にいると確認済みで、到着してすぐに車の中から撮れてしまった。それから後は気配を察知したのか、三浦さんは何日も家から全く出てこなかった。

その後、三浦さんが逮捕される情報はダダ漏れとなり、逮捕される日の夜に合わせて特番を組むことが決まり、私はチーフディレクターを務めることになった。

85年9月に、三浦さんは殺人などの容疑で、赤坂東急ホテルで逮捕される。夜の7時頃だったと思う。まさしく劇場型というか、全局、全メディアが赤坂東急の前に待ち構えている。その中を警視庁のイケメン刑事が連行して車に乗せるのだ。今考えれば、どうかと思うような光景だった。

三浦さんに一審では無期懲役が出たが、二審では逆転無罪となり、最高裁で無罪が確定する。これが2003年3月。17〜18年間、格子の中の人生だ。その間も、その後も、三浦さんは新聞、週刊誌などあっちもこっちも訴えまくるが、08年2月にサイパンで、アメリカでの殺人容疑が消えていないとの理由で、ロサンゼルス市警に逮捕される。そして、その移送先のロサンゼルス市警の留置場で首をくくって自殺するという、何とも言えない暗湿な結末を迎えた。

三浦さんは新しいことが大好きで、スタイリッシュな人だった。

ある日突然、連絡してきたことがあった。「疑惑の銃弾」の記事が出た後で、『ナイスデイ』にも不快感を示し、私が連絡しても全然返事がない。向こうからかかってくるのは珍しいことだった。

電話の向こうで「太田さん、この電話どこからかけているか分かりますか?」と三浦さんが言う。「いや、分かんない」と答えると、「車から、携帯電話なんですよ!」と独特の甲高い声で機嫌よく笑っている。84年の話だ。私が素直に驚いていると、実に満足そうだった。新しいものを自分が持っていることを、無邪気に誇りたい。自己顕示欲の人だったのだろう。

人生は設計された図のごとくには展開しない。三浦さんとワイドショーとの狂おしいほどの奔放な出入り。人は死して空無にかえるのだろうが、三浦さんの旗の巻き方に、私も幾分かは関与していたとの思いは消えない。

山口組vs一和会（山一抗争）

もうひとつ私にとって『ナイスデイ』時代の強い記憶は、山口組と一和会の抗争事件。いわゆる「山一抗争」だ。84年に勃発して、多くの死者やけが人が出た、暴力団世界の歴史に残る大抗争だ。

山口組の竹中正久四代目組長。絵に描いたような、強面《こわもて》、極道の見本みたいな風貌。その四代目襲名を機に有力組員が脱退して結成されたのが一和会。一和会は経済ヤクザと呼ばれるような頭脳プレイを得意とする幹部もいる多士済々で、その一和会のヒットマンに四代目が射殺されたことで激しい抗争が始まる。

それまで暴力、任侠世界の出来事は、『週刊大衆』や『アサヒ芸能』など極道ものが好きな読者に向けて取り上げるメディアが主だったが、この抗争は、朝や午後のワイドショーでも主要なネタになってしまった。

朝の番組で、なぜそんなテーマを詳しく伝える必要があるのかと問われたら、「すみません」と言うしかない。興味本位というと問題があるが、やはり怖いもの見たさ。私たち全共闘世代はちょうど高倉健さんなど、東映の一連の任侠ものが流行った時代に20代前半を送っていた影響もあったかもしれない。

取材にあたり、まず決めたのは、人員の配置。どちらの組にも出入りすると、あっちの組にいたぞとなり、まずいことになる。便宜的にディレクターを山口組担当、一和会担当に分けた。私は一和会の担当となり、武闘派イケイケの大幹部・加茂田重政組長のところに行くことになった。

初対面の日。下駄のように角ばった顔、短く刈り上げた頭。やや吊り上がり気味の目を見開き、ジッと見られると怖い。修羅場を生き抜いてきた肝っ玉を感じさせる、どっしり感がある。

「大学はどこを出はりました？　行ってよかったですか？」と真顔で聞かれた。彼は小学校もろくに行かせてもらえず、文字や言葉遣い、礼儀も「刑務所で全部教わったんや」と。

何度も取材しているうちに向こうもフランクになって、笑うと武闘派大親分には見えない。そのうちに「どうせ取材を受けるなら女の子がええな。もっとしゃべるよ」と言われ、女性アナウンサーを連れていくようになった。

幹部への取材以外に記憶に残っているのは、彼らとの接点を取り持ってくれた人のこと。

もともと小説家志望だったがうまくいかず、そのうちにあっちの世界の人とつきあいができ始めて、任侠ものの記事を週刊誌に寄稿していた文士崩れのおじさん。相当な筋の大幹部に顔が利いていて、電話１本で引き合わせてくれた。大した謝礼を払えるわけでもないのに、胸襟を開いて仲良くしてくれ、文学談義で盛り上がったりもした。昭和の匂いが色濃く残っていた時代だ。

芸能リポーター

梨元勝さん、東海林のり子さん、この頃のワイドショーを支えた芸能リポーターは番組の顔でもあった。例えば、深夜、大物俳優が急死したとする。担当曜日のディレクターが先方に連絡しようにも、マネージャーの携帯番号までは分からない。各局とも朝にかけて取材合戦が始まる。

そんな時、『ナイスデイ』の頼みの綱は長年番組を支えてくれた、武藤まき子さんだった。「おまきさん」と呼ばれていて、芸能人の誕生日の祝い花から日常のお土産まで、自前でやり繰りする人だった。そういった日常の気遣いもあり、歌舞伎界や吉永小百合さんを筆頭とする映画界など、とてつもない人脈をコツコツと広げていた。マネージャーはおろか、役者、俳優、タレント本人の携帯番号をほとんど持っていた。

彼女には取材相手との信頼関係があった。ゴシップ、スキャンダルが起きた時だけ追いかけるのではなく、普段から彼らの本業である「芸」についても深掘りしようとした。大物と呼ばれるような人から、仕事や恋愛の相談をされるような存在だった。

芸能リポーターとして一目置かれるまで、私もおまきさんとは、日本全国随分と事件取材に行った。広島のラジオ局のアナウンサーだったおまきさんは、『ナイスデイ』が始まる前のオーディションを受けて番組に入ってきてくれた。当時はお嬢さんが小学校にも行っていない時期で、そのお嬢さんがよく風邪をひいたりお腹をこわしたりする。ロケ車で移動中も気になって仕方がない様子で、公衆電話があると「お願いだから、ちょっとだけ電話させて」とよく頼まれた。ロケバスで娘が気になり泣いていたこともある。

ゴッドマザーみたいなところがあって、女性のディレクターたちだけでなく、若い男性スタッフからも母のごとく慕われていた。自宅に若いスタッフを招き、手料理でもてなすこともしばしばで、「こういう時に、悩みを聞きなさい」と私もおまきさんに呼ばれて会に参加したことがある。

『とくダネ！』のレギュラー出演も終了して、局からのお呼びが減ってもスタッフの困った時のおまきさん頼みは続いていた。「ホントに、図々しいったらありゃしない」と言いながらも結構嬉しそうだった。

芸能デスクの前田忠明さんとともに、フジテレビのワイドショーを支えてくれた恩人だ。おまきさんが急逝して、もう４年になる。

現代の顔

『ナイスデイ』は曜日別にそれぞれ班が組まれていたが、月曜と火曜２曜日を担当していたこともあった。その頃は、ボストンバッグに着替えを詰め込み、土曜夕方に局へ入り、日曜の夜、そして月曜の夜、３泊していた。自分自身が取材に出かけることもあるし、バックアップをすることもある。編集からゲストの出演交渉、構成台本まですべて仕切るので、ほとんど寝る暇がない。仮眠室まで行くのが面倒で、椅子を並べてマグロのように仮眠をとるといった生活をずっと続けていた。稼業と言えばそれまでだが、そういった日々の中、起きたことをただ追いかけ回しているだけでは、精神的にも疲弊する。

私は、チーフディレクターだったから、数字や内容について責任を問われる立場だった。だが、責任を果たせば別に後は何をやろうと勝手だろうと、新コーナー「シリーズ・現代の顔」を作った。

ごく簡単に言うと、人物ドキュメント。事件取材の場合は続報があれば継続するが、普通のネタは１回取材したら終わりが多い。それだけではつまらない。今、まさに旬を迎えている人物を、最低でも3～4回はカメラ取材し、1回20分前後にまとめ、週1回、放送するのだ。この企画に強い興味を持った後輩ディレクター、清野豊君は、俳優の緒形拳さん、映画監督の五社英雄さんに迫った。

私は、当時直木賞を獲る可能性が濃厚だった北方謙三さん、『なんとなく、クリスタル』で俄《が》然《ぜん》世の中の注目を浴びた田中康夫さん、『パンツをはいたサル』でメディアの表舞台に出てきた経済人類学者の栗本慎一郎さんなど、関心のおもむくまま勝手気ままに取材した。

田中康夫さんに、「あなたをきちっと分析、評価してくれる文芸の編集者は誰ですか？」と聞いたら、ふたり名前が挙がった。そのうちのひとりが、当時、角川書店の『野性時代』編集部の見城徹さん。見城さんとはそれまで面識がなかったが、取材を申し入れ、会社に近い、靖国神社境内でインタビューをした。

見城さんとはそれ以来のつきあいで、その後、彼は幻冬舎を設立。以来、『とくダネ！』では郷ひろみさんの手記『ダディ』を筆頭に、お互いのギブアンドテイクになる企画で何度も組んだ。その後、彼は全局にそうした人脈を持ち、芸能界のドンと呼ばれる人たちとの太いパイプ、ＩＴ系をはじめとする実力経営者たちとのネットワーク、今や官邸にも強いと言われ、現代のまさしくフィクサーのような人だ。

振り返れば、見城さんともいろんなことがあった。

曜日が違えば他局も同然

それは『ナイスデイ』のロス疑惑報道の最中に起こった。

朝5時ぐらいだったと思う。交換手から「見城さんという方から電話です」。その日は僕の担当曜日ではなかったので、朝刊のテレビ欄を見て、絶句した。『ナイスデイ』の欄には、「『ドラキュラの花嫁』の中身を暴露！」とあったからだ。

電話口で見城さんは、「太田さん、今朝の『ナイスデイ』は、こんなもの泥棒、窃盗の類で、許されるもんじゃない！　店頭に並ぶ前に印刷所から勝手に抜き出して暴露、冗談じゃないよ！」と猛烈に怒りまくっている。

「ドラキュラの花嫁」とは、三浦さんが再婚した奥さんが書いた手記のタイトル。『ナイスデイ』の曜日チームが何らかのルートで「入手」した。その中身を放送の中でぶちかますというのだ。発売元は太田出版だったが、見城さんが企画し、見城さんが学生運動時代から同志とする、私も知っていた高瀬幸途さんが社長兼担当編集者だったから、見城さんはカンカンになっていたのだ。

『ナイスデイ』では曜日が違えば他局も同然というぐらい、同じ番組内でも競合。切った張ったの関係だったので、他の曜日が何をやっているかまで分からないという事情があった。

予定通り、オンエアされると太田出版から正式に抗議、クレームが来た。当たり前だ。釈明および謝罪に伺うことに。騒ぎを起こした曜日のチーフディレクターが行っても揉めるだけだからと、庶務担当の部長とプロデューサーが行くことになった。当時フジテレビと太田出版は靖国通りを挟んで目と鼻の先。私が先方と面識があることを知り、部長が「太田も一緒に立ち会ってくれ」と言う。「何で私が行かなきゃいけないんですか」と抵抗したが、「とにかく行ってくれ」と。案の定ぼろくそに言われ、「曜日が違えば他局も同然」はもちろん通用しなかった。

　無防備に一線を超えるのは、プロではない。もし一線を踏み超えそうなスタッフがいるならば、その上、横にいる人間が、「ちょっと待ちなよ」と制することが必要だ。大義もなく私利私欲、目先の功名心で、常識もへったくれもなく「曜日が違えば他局も同然」と言ってやってしまっては、単なる暴走族。この事件は私がそういう綺麗事を言えるか、自分とチームに問わなければいけない一件となった。

自由裁量

　一方、度量があるのか、いい加減なのか、よく分からないぐらい、当時のプロデューサーは曜日チーフに自由裁量を与えてくれた。

フジテレビと今も友好関係にあるＭＢＣ（韓国文化放送）が、日本の終戦記念日、韓国ではいわゆる解放記念日に特番「光復節スペシャル」で、日韓の歴史をどう捉えるかの内容を放送した。私はその特番を丸ごとＭＢＣから借りて、ほぼ全編、字幕スーパーと吹き替えをつけて、『ナイスデイ』で特集放送をした。隣の国の放送局、韓国の人々は何を考えているのか、伝えたいと思ったのだ。

オンエアが終わり、「こんな数字がとれないものを！」と、まあ怒られるかなと覚悟して部屋に戻ったら、当時の森彬大部長（元仙台放送社長）は「面白かったよ。テレビって何でもやんなきゃ駄目だよな」と言ってくれた。自由にやらせてくれる有り難さと、数字を口にしない度量を感じ、素直に嬉しかった。

日航機墜落事故

85年８月12日の夕方、羽田発大阪行きの日本航空１２３便が消息不明のニュースが入り、その後、群馬県の御巣鷹の尾根に墜落したことが判明する。乗客乗員５２４人を巻き込んだ大事故。『ナイスデイ』では、たまたま私が翌朝の担当チーフだった。

私は局で指揮をとりながら、乗客リストに信じられない名前を見た。同姓同名であって欲しいと念じたが、大学時代の同級生、親友だった。彼は日本ＩＢＭに就職、異例の出世で当時、関西営業本部長で最年少取締役昇任近しと目されていた。つい先日も会ったばかり。

もうひとり、大物歌手、坂本九さんも乗っていた。私が『ナイスデイ』の担当になる前、フジテレビの看板インタビュー番組『スター千一夜』のディレクターを務めていた頃、司会が九ちゃんで親しくしていた。私がテニスができると知って誘ってくれ、何度もご一緒した。

連日にわたりスタッフ総動員の日々が続き、怒号が飛びかう中で、日に日に醒めていく自分を感じていた。奇跡の生還、葬儀場からの中継、亡くなった方々それぞれの人生、物語。事故原因をめぐる諸説の分析――。どうにも気合が入らなかった。よく知っていた人間がふたりも乗り合わせていた事実から目を背けたかったのだろう。仕事にしたくないという勝手な思いも募った。この仕事をいつまでやっているのだろうという思いが38歳の胸の奥ににじみ出していた。

第2章

テレビづくりは「なんてったって好奇心」！

日航機墜落事故を引きずりながら、ワイドショーディレクターを務めていた私に、転機が訪れる。86年10月、40歳になる少し前に初めてゴールデンタイムのプロデューサーとして番組を任されたのだ。チェルノブイリ原発事故、アメリカではスペースシャトル「チャレンジャー号」の爆発事故、日本では「亭主元気で留守がいい」のＣＭが流行っていた年のことだ。

なんてったって好奇心

雇われママ的プロデューサー

当時、木曜夜９時の枠は、視聴率40％超えの伝説の歌番組、ＴＢＳの『ザ・ベストテン』が放送されていた。強敵を相手にフジもいろいろやってはいたが、苦戦。今後社としてこの枠をどうするかが、喫緊の課題になっていた。

編成が考えた末に出した企画が、１時間の情報番組へのチャレンジ。既にその頃、ＴＢＳ

は『そこが知りたい』、さらに毎日放送制作の『地球発22時』を放送し、日本テレビには『TIME21』があった。各局ゴールデンタイムに1時間の情報番組を編成していたが、フジテレビにだけなかったのだ。

　この話がふってきたのは、番組開始の３か月前の夏。私は『ナイスデイ』のチーフディレクターで、番組のプロデューサーはふたつ年上の北林由孝さんに交代したばかりだった。

　彼とふたりで『ナイスデイ』を支えてきたという自負があったので、まず、北林さんに話をした。「編成からゴールデンの1時間をやらないかという話が来ているんだけど、俺が抜けたら大変でしょう」と。「残ってくれ」と言われたら残ろうという気持ちもあった。

　北林さんの返事は違った。「ここから先はお前がスクープを取ってきても、結局、俺の手柄になる。そんなことが起きるとふたりの関係がおかしくなる。この話は太田にとってビッグチャンスだ。俺のことは心配するな。ゴールデンで男になれ！」。そう励ましてくれたのだ。これを聞いて「なんと立派な男気のある先輩だな」と本気で思った。随分とたってから酒場で「俺がリーダーシップを発揮しようにも、お前の顔がチラついて非常にやりにくい。出ていって欲しいっていうのが実は本音だった」と打ち明けられて、ふたりで大笑いした。

　さて、引き受けることになったが、部長はスタッフを誰もつけないという。編成部のデスク、企画担当部員が一緒に総がかりで仕事をするという説明だった。そもそも編成部員は超多忙、できるわけがない。しかも、放送開始まで正味3か月もない。とにかく準備を進めなくてはならなかった。とりあえず庶務担当のデスクに契約社員の女性を入れて、それがスタッフ第1号。とんでもない仕切りで番組準備は始まった。

すぐにとりかかったのは、しっかりとしたプロダクションと組むこと。専従のチームもなく、外部の手を借りなければ作れない。このジャンルを手がけているプロダクションを味方に引きずり込まなければ、仕事が一歩も進まないのだ。ところがフジには情報系のパッケージ番組がなかったから、そこに顔が利くような先輩もいなかった。『そこ知り』をはじめこのジャンルの番組を見まくって、スタッフロールをひたすらチェック。「いいな」と思った回のプロダクション名と、プロデューサー、チーフディレクターの名前をメモする。真夏の暑い盛りの中、メモをとったプロダクションを連日、訪ね続けた。食事にも誘い、酒をくみ交わし、初対面のプロデューサー、ディレクターとつながりを作りながら、同時並行で6〜8つの制作プロダクションと、いわば不見転《みずてん》で企画を詰めていった。

編成は、司会者を売り出し中の局アナ逸見政孝さんと、タレントの三田寛子さんにすることを決めていた。さらに、フジテレビが大株主の制作プロダクション、共同テレビジョンの中に番組を動かすチームもいくつか用意していた。当時の編成副部長は、私のふたつ年上の重村一さん（現ニッポン放送取締役相談役）。彼は私がフジテレビに入社した時に初めてついた『小川宏ショー』の先輩ディレクターだった。私の起用は、局内を見渡してその手のジャンルがやれそうな人間として、〝重村判断〟があったようだ。

番組によって、また属人的なこともあるので一概には言えないが、本来、プロデューサーとは、その番組の統括責任者。その下に現場を背負うチーフディレクター、そしてディレクターがいる。プロデューサーは制作費の管理や、情報番組なら通常、企画内容から司会者、コメンテーターの選定まで、制作現場での決定権を持つ。そのいくつかをおさえられているのだから、僕はいわば編成がオーナーの〝雇われママ〟のような立場。プロデューサーではあったが、チーフディレクターも兼ねているような役割だった。

おまきさんがヒントをくれた番組名

番組のタイトルも、編成がいろいろ持ってきたが、これだけは譲らなかった。

私がつけたのは、『なんてったって好奇心』。

「好奇心」は、良い意味にも悪い意味にも捉えられるが、「それはなぜ？」「どうして？」という疑問が基本の基本だと思ったからだ。ただ、その上か下にどんな言葉をつけるかで迷っていた。その時にヒントをくれたのが、『ナイスデイ』の芸能リポーター、おまきさんこと、武藤まき子さんだった。

新宿の居酒屋でタイトルに悩んでいることを話したら、おまきさんは「キョンキョンの歌がいいじゃないの」と言う。なんのことか分からずにいると、「なんてったってアイドル、よ」と。「『なんてったって』は今、旬の言葉だし、強いメッセージもある。それとくっつければいいんじゃない」。なるほど、これはピッタリだと思った。長々と考える時間もない。番組名は『なんてったって好奇心』に決めた。


初回は、これもまたお仕着せだった。1本目は、編成から、浩宮さま（今の天皇陛下）の結婚話が持ちあがっているので、弟君の礼宮さまを併せて特集してはどうかと。共同テレビジョンが皇室の記録映像『皇室ご一家』をずっと撮り続けていたので、編成が初回用として準備をしていた。「冗談じゃない」と言えるほど私には余裕もなかったので、もうこれはしょうがないと思い、新番組はこの企画でスタートした。

2本目は、とてつもない発想をする男が私のチームにいて、その男が台風の目の中に飛行機で突っ込んでいきたいと言う。しかも日本の飛行機が入れないなら、米軍の飛行機を使って入ってみせますと。「ちょっと待ってくれよ」という企画だったが、危ない目にいろいろ遭いながら、オンエアまでたどり着いた。いつも目が点になるような集中力のある男で、突破力という言葉がピッタリの荒業師だった。新聞のラジオ・テレビ（ラテ）欄は「台風誕生の謎▽特写！　台風の目……」だった。

　新聞のラテ欄作成では毎回音を上げた。横10文字5行程度の短い字数の中で、その回の〝売り〟を書く。当然のことながらプロデューサーの私が書くのだが、編成も案を出してくる。テーブルを挟んでどっちも譲らない。こっちは他にもやることがいくらでもあり、編成側も多忙なのだが何時間でも粘る。テーブルを蹴飛ばしたかった。

　編成はドラマ、バラエティ、報道、スポーツ、すべての番組の権限を持つ、参謀本部とも言うべき部署。そこに所属する局員が前線の現場で長時間にわたってスタッフワークをするなど本来あり得ないことだが、ゴールデンタイム1時間の新番組を、昨日までワイドショーの一介のディレクターだった男がプロデューサーを務めるわけだから、心配で心配で仕方がなかったのだろう。企画の決定、編集、音響効果、ナレーションまで必ず編成が立ち会って口も出してくるから、誰が最終的に責任を持つんだと、何度もケンカ寸前、口をきかないことさえあった。

プロダクションの重要性

番組がスタートすると、つきあいのないプロダクションまで企画を提案してくれるようになった。しかし、どうもピンとこない。どこかでやっていたような企画の二番煎じ、三番煎じみたいなものばかりが集まってくる。おそらく先行して定評のある『そこ知り』や『ＴＩＭＥ21』など安定した枠にいい企画を持っていって、そこで採用されなかったお下がりを持ってきていたのだろう。意図的ではなかったにしろ、そうひがみたくなるような提案が多かった。

準備段階では、他局の番組をじっくり見て、編集から音入れに至るまで、丁寧に作り込んであることに素直に感心していた。私はそれまでワイドショーのディレクターだったので、〝撮って出し〟〝やっちゃ場〟というか、ダーッと現場に飛び込み、死ぬ思いで取材、映像を持ち帰りそれを編集して次の日の朝、生放送で出すということばかりで生きてきた。１本１本きめ細かく仕上げる作業の経験がほとんどなかった。だから、ある意味〝脱帽〟していたのだが、番組がスタートして、自分の目も慣れてきたのだろう。どこも結構、取材が浅いことに気づき始めた。ワイドショーに比べて取材時間がたっぷりあるのに、これもない、あれもない。何でこれが撮れていないんだ、どうしてここの取材が甘いんだ、みたいなことがしっかり見えるようになってきた。事前取材、ロケ、編集など１本ごとに３〜４か月の制作期間があるのにだ。

徐々に自信がついてきたこともあり、私が本当に見たいもの、自分でやりたい企画をやろうと決めた。先行番組がやっていないような企画で攻め込まない限り、面白くも何ともない。勝てるわけがない。プロダクションが持ち込んできた企画にあれこれ注文をつけて行ったり来たりしている時間的な余裕もなかった。

私の企画に優れたディレクターさえ張りつければ、プロダクションのほうは企画決定までの時間がかからず、安心して取材に専念して番組を作り納品できる。制作費が局からいつ振り込まれるかも早めにあてにできる。太田となら、第一線のディレクターを用意し、徹底的にリサーチしたら発注は保証され、ビジネスが成立するという図式だ。かなり速いスピードでプロダクションとの信頼関係を築くことができた。もちろん彼らが持ってきてくれたいいものには飛びつくが、今ひとつの時には、私の責任で企画を渡したほうがロスタイムがなく制作期間も縮まる。企画については、いつの間にか編成も口を出さなくなった。プロデューサーとしての、私のスタイルになっていった。

『好奇心』の知恵袋

番組作りには放送作家の存在も欠かせない。

『好奇心』が始まる前、ワイドショー時代から、フリーランスの作家、日野原幼紀さんとつきあいがあった。彼はＴＢＳ『そこが知りたい』に出入りしていた作家のひとり。私が『好奇心』を担当することになり、「手伝ってくれないか」と持ちかけた。しばらく返事を待っていたら、条件を出してきた。プロデューサー（太田）直属、番組の〝座つき作家〟として遇してくれるなら受ける、情報番組は『好奇心』だけに絞ると。個別のプロダクションサイドにつくのではなく、全体に対する〝ご意見番〟的な立場、役割を求めてきたのだ。なるほどと思った。私には、彼が必要だった。

とはいえ、当然『そこ知り』にはＴＢＳのプロデューサーがいるわけで、いわば引き抜きみたいなものだ。ＴＢＳに仁義を切らなければならない。『そこ知り』のチーフプロデューサーを務めていたＴＢＳの篠崎敏男さんは、〝ミスターそこ知り〟と言われているくらい業界で知られる存在。断られることを覚悟の上で、仁義を切りに出向くと、快く「分かりました」と。しかも、「うまくいったらご飯でも食べましょう」とまで。懐の深い人で、その後、私的なつきあいが続いた。

日野原さんは『好奇心』の〝座つき作家〟になり、私ととことん話をしながら、作家としての領分以上のことを背負ってくれた。知恵袋的な存在でもあった。

その日野原さんが、テレビ朝日のクリエイティブな番組『探検レストラン』に出入りしていた縁で、演出家の菅原正豊さんともつながった。彼は『いかすバンド天国』や日本テレビの『メリー・クリスマス・ショー』などを演出、今でも『秘密のケンミンＳＨＯＷ』『出没！アド街ック天国』を手がけているプロダクション、ハウフルスの代表で、テレビ画面いっぱいに巨大なテロップを流す見せ方は、菅原さんの発明品だ。名刺の肩書きは「代表取締役演出家」。骨の髄までのディレクターだ。

その菅原さんとでいくつもの企画が生まれた。

「日本の10人」もそのひとつ。寿司職人やトンカツ職人、ケーキ職人など、番組がその道に通じた達人10人を決める。その10人をひとりずつ紹介していって、「残るは３人」「残るはふたり」と、盛り上げていく。菅原さんはひとり紹介するごとに10分割されたテレビ画面を一面ずつ埋めていき、最終的には10面マルチをすべて埋めるという、実に新しい表現スタイルを編み出してくれた。今は珍しくもないが、これがオリジナルだ。

食べ物を人物で見せる手法は、それまでそんなになかった気がする。きっかけは、菅原さんが「麻布の焼鳥屋の親父、慶應を出ているやんちゃな人で、人柄が実に面白いんですよ」と私に話したことからだった。菅原さんが着目したのは、テレビは「食べ物の味」を伝えることはなかなかできないが、「人の味」を伝える力は持っている。一流の職人は、キャラクターの立つ人が多いので、人柄をメリハリで見せていく。菅原さんは新鮮なアイデアや表現スタイルを楽しんで繰り広げてくれるから、私には有り難い戦力だった。

食べ物関連では、料理研究家で、先端の栄養学にも強い、丸元淑生さんも登場した。醤油を特集した時だった。出演をお願いしたら丸元さんが「私は一言言うのにも時間がかかるかもしれません。口に入れて、すぐにうまいとかそんなこと、なかなか言えませんよ」と。確かにその通りだ。私は「編集的にその辺はうまくやります」となんとか口説き落とし、出ていただいた。ロケでは、寿司をつまんで本当に1分以上、感想を口に出さないということがあった。だが、沈黙の時間には凄みがある。リアルな映像になった。

編集作業では、正味50分なら50分という枠が決まっているので、「間」というか、その沈黙の持っているメッセージ力みたいなものを、どうしても泣く泣く切り刻んでしまうことがある。その表情が強ければ、画《え》になるならば、そこは粘って粘って、とにかく30秒黙っている顔だけ映す、そんな度胸、編集の工夫があってもいいのではないか。

裏を見せる！

後発番組だったから、他局が取り上げていないことを、やりたくてしょうがなかった。リスクも伴うが、何よりも二番煎じだと楽しくない。早朝から深夜まで、打ち合わせ、ロケの立ち会い、編集、ナレーション撮りなどに追いまくられながらも、新鮮な企画はないかとそのことばかりが頭の真ん中にあった。

「これは」というオリジナル企画では、「全部見せます！　プロ野球中継の裏側」がある。

プロ野球中継は、カメラから音声から何十人もの人間が球場にいる。巨大な中継車の中、ズラッと並んだモニターを前に、映像、音声担当から中継映像を選択するスイッチャーに、ディレクターたち。スタンドで一般客の目につく中継カメラマン。彼らが視聴者の見えないところでどんな動きをしているのか、舞台裏は、見せ方によってはかなり面白くなると思いついた。ただそれをプロ野球の生中継と関わりのない時間でやっても臨場感がないので、とにかく神宮球場でフジがヤクルト・巨人戦の生中継を放送した直後からやれないかと考えた。

「さっきまで見ていた！」がウリだ。

雨が降ってゲーム不成立なら、用意しておいた別の企画を放送する。ゲームが成立したら、この夜の『好奇心』は生放送。グラウンドに主要な技術スタッフ何人かを立てて、司会がインタビューをしながら、さっきまで放送していた映像をベースに、視聴者がオンエアで見ていない映像を織り交ぜる。〝撮って出し〟の生々しい作りにした。

カメラの動きなら、例えば３塁側にいるカメラは、基本的には１塁側を撮り、１塁側にあるカメラは３塁側が担当エリアだ。それぞれ自分のカメラ位置のテリトリーと責任があるが、あまりに打者が鋭い打球を打つと、本能的に打球につられて手が動き、カメラが本来自分の持ち場ではない方向を撮ったりすることもある。カメラワークがどうなっているか、そんな話まで映像で見せてしまう。

「プロ野球中継の裏側」というタイトルは、舞台裏に対する好奇心と、直前まで巨人戦を見ていた視聴者をそのままいただこうという作戦。20％近い数字だった。


今なら絶対にあり得ない企画もあった。

「ノンフィクション　フジテレビ10月改編の裏側」。

テレビ局は、今も春に４月改編、秋に10月改編をやっている。視聴率で負けている局も勝っている局も、改編時に必死にいろんな番組を仕掛けていく。局内では編成を中心に、ドラマ、バラエティ、単発もの諸々含めて、営業との駆け引きなど様々なパワーゲームがある。打ち切られる番組もあれば、新しく始まる番組もあるから、勝者がいて敗者がいて、年２回のお祭りみたいなものだ。

この企画も私の思いつきだった。マル秘が多すぎるから、編成に断らなければ取材ができない。私をこの番組のプロデューサーに引き上げてくれた重村さんに、断られることを覚悟して頼んでみたら、「いいよ、やってくれよ。根回ししとくから」と、拍子抜けするくらいあっさりＯＫされた。ちょうどこの頃、たまたま私のところで現神奈川県知事の黒岩祐治さんを報道から預かっていたので、彼をリポーターにして、局内各所をあちこち取材して回った。

87年の10月改編では、『夜のヒットスタジオ』を持っていた大プロデューサー、疋田拓さんの日曜午後8時枠『ＴＶハッカー』が半年で打ち切られた後、当時『なるほど！ザ・ワールド』を当てていた王東順さんが、後番組『七人のＨＯＴめだま』をスタートするところだった。様々なジャンルの目利きや評論家、タレント7人をパネラーにして、世の中の出来事、話題を取り上げ盛り上がるという番組で、10月改編のまさしく〝目玉〟。司会が近藤正臣さん。元ＮＨＫの和田勉さん、田中角栄元首相の秘書だった早坂茂三さんも出演していた。

番組がスタートした翌日、視聴率はどう出るのか。プロデューサーから、編成、営業まで、月曜朝からみんなドキドキだ。プロデューサーもディレクターも、午前8時過ぎにビデオリサーチから出てくる視聴率表を、固唾《かたず》を呑んで待つ。王さんも当然のことながら、編成局の大部屋で視聴率表が出てくるのを見守っている。カタカタと音を立てＦＡＸから出てきたのは、一桁という惨めな数字だった。

そこを「何パーセントでしたか？」と、黒岩君が突っ込む。「この数字」と、王さんが見せてくれる。「今どんなお気持ちですか」と続けると、王さんは「にやっ」と笑って、『なるほど！ザ・ワールド』も最初は一桁だったんだよね」と淡々と言ってのけた。

『オレたちひょうきん族』のプロデューサーでフジテレビを三冠王にした立役者、横澤彪さんが、どうしても実現したい企画があり、編成の人間と打ち合わせしていた場面では、編成担当が「じゃあ横澤さん、企画書を早めに上げてくださいよ」と言ったら、横澤さんが「何言ってんの。僕の顔が企画書だよ」と返したシーンなどもあった。

営業と編成との駆け引きや、大物のキャスティングをめぐる編成大物同士の極秘の話し合いや、普通はカメラどころか関係者さえ入れない席まで、最後は必ずチェックさせるからと約束、無理やり頼み込んで、カメラを回し続けた。

オンエアが近づいてきた頃、当時の編成担当役員が重村さんを呼び、「何を考えているんですか。10月改編の裏側を見せるとは、もう！　うちの改編がうまくいかなかった場合は、うまくいかなかったことを宣伝することになるんですよ」と。まさに、その通り。重村さんは私の代わりにこっぴどく怒られた。「そんなもんで編成部長は務まりません」とまで言われたそうだが、重村さんはそのことを私に一言も言わなかった。男、だな。

この時の視聴率も軽く二桁はいった。それ以上に「そこまでやるか！」と業界の話題になった。口惜《くや》しかったと思う、よその局の連中は。しかもフジテレビはこの「ノンフィクション10月改編の裏側」を、その後新人研修の素材として何年にもわたって使ったから、面白い局だ。

本直しとナレーション直し

私は、「本直し」、すなわちナレーション原稿の直しに相当なエネルギーを注いだ。

「本直し」は、ナレーション台本の推敲《すいこう》。通常、編集が仕上がったら、どのシーンからどのシーンまでナレーションをつけるかを決める。すると、同録のインタビューまで何分何秒かが定まる。ナレーションブロックは、１時間番組正味50分足らずの中にもかなりある。ギリギリまで粘って編集しているので、オンエアまでの時間が切迫していて、ナレーション台本を書く時間に余裕がないことがほとんどだ。

ナレーションは構成打ち合わせから、粗編集まで顔を出している放送作家が、編集されたテープを見ながら我々とシーンごとの秒数まで綿密に打ち合わせをした上で、１日か２日徹夜して書き上げる。４００字詰め原稿用紙で30〜40枚だ。その間、束の間の休息をとっていた私たちが、あがってきたナレーション台本を実際の映像に当てて読み上げながら、長かったり短かったり、表現がどうだ、情報が足りないなどと詰めていく。ひとりの放送作家が徹夜で書き上げてきたものだから、いろいろほころびがあるのは当たり前。だから、今となってみれば、「本直し」というのも、作家に失礼な言い方だと思う。日野原さんの弟子筋、浜田悠さんは必ず立ち会い、直そうとすると、ひとつひとつに反論していた。

　作家は、直されるのは気分が良くないし、台本をこちらに渡したら力が尽きて、大体、本直しには立ち会わない。それをいいことにじゃないが、推敲に推敲を重ねる。私を中心に、担当ディレクターはもちろん、編成スタッフまで入って、いつも少なくとも4～5人で縦横斜め上下、あらゆる視点から言葉を選ぶ。

　例えば「こだわり」という表現が原稿に出てくると、「こだわり」が本当にあるなら「こだわり」なんて言葉を使わないだろう、変えるならどんな言葉があるんだろうと、ひとつの言葉、表現をどう変えるかだけでもやたら時間がかかる。5～10時間どころか、ひどい時には丸一日寄ってたかってやっても、まだ終わらない。みんな途中で飽き飽きするかと思うと、それがない。別に私がいるからではなく面白いからであって、36時間ぶっ続けで直したこともあった。月並み、安直な表現を避けたい一心だった。「こだわり」で言えば、「深い思い入れ」「まごころあふれる」「精魂込めた吟味を尽くし」「打ち込められた心意気」……。参加していたプロダクションの人が達成感を覚えたらしく、「仕事をやめるつもりだったけど、もうしばらくやってみます」と言ってくれたこともあった。ほとほとまいった人も多かっただろうけど。

　そこまで根を詰めてやる人はあんまりいないのかもしれない。私はもともと活字大好き人間だし、若い頃、出向先の『夕刊フジ』で報道記者をやっていたから、私家版「本直し10カ条」みたいなものを作って、それを見ながらやっていた。例えば、「枢要《すうよう》」など耳から聞いて理解しにくい言葉は使わない、同じ形容詞を二度は使わない、定型、ステレオタイプな表現を排す、妥協せず知恵を絞る、ナレーターに早読みさせて間尺に合わせるのは絶対禁止など。

ナレーション撮りにも時間をかけた。一言一句の言葉の品質管理はもちろん、強調するところは間を置く、試してみてなじまない言葉、表現を録音スタジオでもよく変えた。

私は俳優さんのナレーションが好きで、お願いした人の中には、綿引勝彦さんや地井武男さんなど、初めてナレーションを頼まれたという人もたくさんいた。

ＮＨＫのドキュメンタリーのナレーションが多かった俳優の寺田農さん。声の質感が好きで頼んだ時、寺田さんは相当に推敲して詰めたナレーション台本をよく読み込んできて「この言葉のニュアンスはどうかな?」などとよく打ち返してきた。「なるほどな」と納得して直したことが随分あった。

プロデューサーの覚悟

『好奇心』では、思い通りに多様な企画が実現した。

ソ連邦がまだ解体前で、「共産党独裁国家の刑務所のルポどうですか？」と、当時一緒に仕事していた上野修平さん（現ＮＥＸＴＥＰ専務取締役）から提案され、実現したのは「世界初公開！　これがソ連監獄・酷寒の女囚達はいま」。この前にも安部譲二さんの「北京監獄24時」「初公開これが中国広州少年院24時」など。硬派ものでは「ゴルバチョフの危機　揺れるソ連」も放送した。

〝24時〟ものでいうと、「山手線24時」も。阪本明ディレクター（現テレビ朝日映像ＶＩＶＩＡ常務）と北村衛プロデューサー（故人）に持ち込まれた当初は、二番煎じになるのではと懸念したが、彼らは「うちの取材力はよそとは違います」と大見得を切る。発注してみると、１か月ぐらいのリサーチ期間で、とにかく地を這うように、密室の奥まで入っていくような、凄みのあるリサーチ力だった。〝24時〟ものの企画は二番煎じに見えるが、本当に手《て》練《だ》れのリサーチ力、取材力のある連中と組めば、他局で前に見たものよりずっと面白かったと番組への信頼を得られ、新鮮な輝きを放つことができると確信した。

〝フォークの神様〟、岡林信康さんをリポーターに立て、80年代の半ばに増えていた外国人労働者、特にバングラデシュ、パキスタンの人々の東京での素顔、生活を追った回もあった。岡林さんとは30代の初め旅番組時代からの交遊があった。

宗教学者の中沢新一さんに出てもらったことも。中沢さんのベストセラー『チベットのモーツァルト』を読んでいるうちに、知的な美女リポーターと大学の新鋭研究者がコンビで、生死の境目の世界、日本人の知らない黒魔術の世界を探訪してみたらと夢想した。異世界の体験紀行、企画を持っていったら、中沢さんが引き受けてくれた。

自分に興味、関心が強くあって、見たいというテーマで、プロデューサーとしてその枠全体を仕切れるのは、贅沢であり、快感だった。とはいえ、数字が悪ければ枠を失う。編成がいくらチェックやサポートをしようとも、最終的な責任はこちらがとらなければならない。だが、守りの姿勢をとるつもりはなかった。

番組を続けていくうちにどの企画なら視聴率がこれくらいという、土地勘ができてくる。だから、日頃は視聴率のとれる企画を制作費をできるだけ浮かせて作り、これはという企画には、ドンと制作費をかけた。

その1本が、カンボジアを舞台にした「秘宝切断　日本に眠るアンコールワット仏の謎」の回だった。

仏像美術は日本でも昔から根強い人気があり、これまでに様々な展覧会が開かれている。が、過去をさかのぼると、本物と信じて展示したものが、実はまがいもの、贋作《がんさく》だった可能性が相当高い美術展もあったとの話を耳にして準備した企画だ。

カンボジアやベトナムはフランスが植民地にしていた時代があり、美術的価値の高いものがフランスに随分運ばれている。そのフランスにある「ギメ」という東洋美術館に目利きがいて、そこで日本の展覧会で展示されたものが贋作であったかどうかを鑑定してもらうことにした。主催した名の通った東京の美術館が、はめられていたかもしれないという仮説の検証だ。美術館の信用問題、人間関係、さらに現地での贋作の世界に踏み込んでいく取材は危険で、番組は地味だし、時間もかかる。しかも、ベトナム、タイ、カンボジア、香港、フランスで取材するなど、制作費も普段の倍近くかかった。

数字的には間違いなく一桁だろうとの自覚があった。結果、ものの見事に一桁で、陰であれこれ言われた。私は、美術ミステリーを試みたかった。〝確信犯〟だった。なんと言われようと、やる時はやる。本気でそう思っていた。

トラブル

全能感とは言わないが、体を張って仕事をしている気分の中で、トラブルも起きた。

スタッフが「太田さん、これ見ましたか？」と雑誌を差し出してくる。業界誌、『放送批評』で、フジテレビのドラマで売り出し中のプロデューサーと、他局の同世代が座談会をしている。そして、その中でフジテレビのプロデューサーが、「うちが『フジテレビ10月改編の裏側』を放送したけど、ドキュメンタリーはああいうものじゃないですよね」と発言していたのだ。許せないと思った。

すぐに編成局の大部屋に乗り込んだ。その人物の名前を出して「どこにいるんだ」と探し回っていたら、「私です」と。

「座談会であれこれ勝手なことを言ってくれたけど、事実と違う。次号でいいから発言を訂正して、取り消してくれ。でなければ、俺は納得しない。お前は、王さんが初回の視聴率表を見て、一桁の数字が出てきた時にカメラを向けて、『この数字をどう捉えますか』って聞けるか。ドラマのセリフじゃないんだ。生身の人間同士がぶつかっているんだ！　ドラマ屋なんかに、ドキュメンタリーのことを言われたくねえよ。謝れ！」と。

私の剣幕に「すみませんでした」と素直に謝ったが「とにかく『放送批評』に発言の訂正を入れさせろ。俺はすみませんだけでは納得しない」と罵倒した。怒りはおさまらないままだった。その後、重村さんが私の席に来て、「謝っているから勘弁してやってくれよ。本人も本気で素直に申し訳なかったと言っているから」と。なんとか自分をなだめた。

もうひとつあった局内トラブルは、広告代理店でバリバリ働く若手が主人公の、月曜夜9時、いわゆる〝月9〟枠のドラマでのこと。これもスタッフからの情報だった。「スポンサーから、その内容じゃ困るんで直してほしいと要求があり、『なんてったたって好奇心』の中身を手直ししてもらった」という主人公のセリフがあるらしい。ドラマの現場からも編成からも、そんなセリフが入ることを事前に聞かされていたわけではない。しかも番組名がそれこそ実名だ。「冗談じゃない、許さない！」。台本を確認した上で、プロデューサーを呼んだ。

「挨拶もなければ断りもないまま、うちの番組の名前を出して、おまけにスポンサーの圧力で内容を変えましたって、これはどういうことだよ！　シャレにもならない、失礼千万、非礼千万。ドラマが何で『好奇心』に悪さをするんだよ。ドラマじゃスポンサーから圧力がかかったらどうするか知らないけど、とにかく駄目だ、こんなもん、放送させない。番組の名前を出すな」

　プロデューサーは困惑して、「編集も音効も含めてもう全部完全パッケージになっていて、オンエアはすぐ。もう直しが入れられるような時間がないんです」と言う。私としては引けるわけがない。「素人相手ならそんな話で済むかもしれないけど、俺は素人じゃない。放送によって、番組は信頼を失いかねない。とにかく、『好奇心』に関わるところはすべて落としてくれ。こっちも本気で作っているんだ。そっちの事情は関係ない」と、つっぱねた。最終的に彼は、全体の筋立てが壊れないようにうまく処理した。時間もない中の修羅場、必死の綱渡りをしてくれた。

私はこうしたトラブルに見舞われた時、局内、局外を含めて、そう簡単に「それはしょうがないですね」とか「分かりました」とは言わなかった。それで終わりにしてしまったら、プロデューサーとして失格だ。嫌われようと、引いてはいけない時がある。どちらに筋があるのか。力任せに変なことをやられて、いつも「しょうがねえな」などと言っていたら、どうなるか。人間関係で仕事をやっているわけだから、頼れる味方が減っていく。

彼からはあらためて謝罪もあった。後に彼は僕にゴルフを教えてくれたり、私が初めてぎっくり腰になった時に、いい先生を紹介してくれたりもした。

筋の通った司会者

『好奇心』は86年から始まって、司会は局アナの逸見政孝さんでスタート。その後、西田敏行さん、江本孟紀さんに代わり、最後の司会は愛川欽也さんだった。

皆さんそれぞれに思い出があるけれど、印象深いのは、逸見さんと欽也さん。逸見さんはお仕着せとはいいながら年が近かったこともあって、実にお互いにいい関係で仕事をした。

欽也さんは筋を通す男だった。欽也さんが「この回は、俺は司会できない」と降り、司会なしでオンエアしたことが２回あった。

１回目は私が海外取材で東京にいない時。私のすぐ下で全体のプロデューサーをしていた、森洋一君（現福島テレビ会長）から電話が入り、「欽也さんが番組を降りるって言っているんですよ」と。伊丹十三さんの映画『あげまん』のメイキング企画があり、その打ち合わせで欽也さんは、「『あげまん』なんて言葉は下品の極み。茶の間で見られる番組で、そんなものを有り難がって『好奇心』でメイキングものをやるなんて、何を考えているんだ」と。「子供に『あげまんって何？』って聞かれて親が何て答えるの。『揚げ饅頭』と答えるの？そんなこと答えられないだろう。そんな下品なものを俺はできない」と怒ったのだ。

欽也さん本人は司会というより、俳優の意識が強い。しかも、若い頃から自分で資金を工面して自主映画の監督をやっていたから、売り出し中の映画監督、伊丹十三さんに嫉妬していたのかもしれない。こんなことを言うと、「俺はそんなに了見狭くネーヨ！」と怒られるかもしれないが。

2回目は、暴力団企画の時。〝暴力団24時〟のような内容で、ひとつの組の日常を地道に追う企画だった。欽也さんが「とんでもない」と言い出した。「ヤクザや暴力団を礼賛するようなものだ。汚いところは見せるわけがないんだから、かっこいいところしか映らないに決まってる。そんなものを放送するとは、太田ちゃん、何、考えているんだ‼」と。

私としては、「あっちの世界を礼賛する気はさらさらない。彼らの日常、実態を垣間見ることができる。暴力団対策法の背景も入れて慎重に構成するし、いつもより、さらに気をつけたナレーションにもする。どうしてもやりたいんだ」と説得したが、欽也さんは「嫌だ！」。この回も司会なしでオンエアに至った。

欽也さんは、よくしゃべる人でもあった。ゴルフに行く時は、行き帰りの車中、2時間くらいひとりでしゃべっている。そのほとんどは仕事の話。例えば、ジョルジュ・シムノンのフランス警察小説『メグレ警視』が好きで、実際に自分で『東京メグレ警視シリーズ』をテレビドラマ化していたから、話が終わらない。新派の舞台まで詳しく、俺だったらこうする、俺だったらこうしたい。企画から演出、配役、台詞回しまで、アイデアがとにかく頭の中で音を立てて渦巻いていて、過剰なエネルギーを持て余していた。

『好奇心』ゆえのチャレンジ

『好奇心』の放送枠はもともと木曜夜9時からだったが、日曜夜8時、水曜夜7時、『今夜は好奇心！』と名を変えてからは月曜夜7時と変わっていった。これだけ変わるのはもちろん編成の事情だ。こちらとしても営業などいろんな状況を説明されてしまうと、「打ち切りではないし、これはしょうがないかな」と納得せざるを得なかった。『好奇心』以外でも、90分、2時間ものなど単発特番で忙しかった。特に木曜夜9時でうまくいっている時に日曜夜8時に移されたのは、後述する硬派番組、『ニュースバスターズ』打ち切りの後で、放送枠の変更には、私も直接絡んでいた。

この番組が生き残ったのは、局としてドキュメンタリー系プロダクションとの信頼関係、つながりができていたからで、番組がなくなるとそのネットワークを失うという考えも編成にはあったのだろう。通算8年は続いた。私も途中から部長になり、『好奇心』も二代目のプロデューサーが現場を統括していたが、自分にとっては最も重要なライフラインのような番組だったので、当然のことながらいろいろ助言もすれば、口も出していた。

80年代は今ほどではないけれど、東京を含めて外国人がたくさんいた。

そこで、ある程度、余裕のある日数で納品された回に、英語のスーパーテロップをつけてみようと考えたのだ。どのくらいの予算でできるかと調べてみたら、当時でざっと200万円くらい。日本にやってきた外国人の大半は、日本に興味、関心があり、英語なら何とかなる人が多い。『好奇心』は日本と日本人の日常を多角的に伝えているので、彼らにも楽しんでもらいたい、それが動機だった。

毎週はできなかったが、何とか制作費から捻出して、英語のサービス版をオンエアしてみた。英字紙『ジャパンタイムズ』のテレビ欄の人がすぐに気づいて、そこで紹介もしてくれた。

近年、クールジャパンの掛け声で、日本の番組コンテンツを遠い外国まで売り込みに行っているが、字幕をつければテレビ自体が巨大なショーケースとして機能する。インバウンドが３千万人、４千万人の時代。雰囲気で内容が分かるバラエティに英語のスーパーがついていれば、「とても面白いものを日本で見ちゃったよ」と、国へ帰ってから話す外国人もたくさん出てくるのではないかと思う。今や、時間もコストもＡＩ翻訳で、かなり抑えられるはずだ。

日本のコンテンツビジネスにとって、テレビの英語スーパー、吹替はとてつもない武器になると信じているが、試してみようという人はなかなか出てこない。英語を勉強する人々も喜ぶのではと思うが。

人脈

ワイドショー、情報番組の現場時代から、多くの出会いがあり、今でもおつきあいさせてもらっている人が多数いる。出版系が多く、幻冬舎の見城さんをはじめ、文藝春秋の飯窪成幸さんや鈴木洋嗣さん、新潮社の石井昂さん、中瀬ゆかりさん、講談社の鈴木哲さん、渡瀬昌彦さん。

他局とのつながりも結構あった。自分の番組の出演者が他局でレギュラーを務めると、その人が媒介となって先方のプロデューサーと仲良くなり、ゴルフをやったり、飯を食ったり。局同士は視聴率で戦う相手だが、いつの頃からか、相手の顔を見て、向こうもこっちの顔を知って戦うほうが、切磋《せっさ》琢磨《たくま》になるだろうと考えていた。

かつてトラブルの発端にもなった業界誌『放送批評』の座談会で、『朝まで生テレビ！』のプロデューサー、テレビ朝日の日下雄一さんに初めてお目にかかった。

日下さんは田原総一朗さんと組んで『朝まで生テレビ！』を誕生させ、皇室、右翼、部落差別など、テレビ的になかなか触りにくいテーマについて、敢然とチャレンジした人。日下さんは出演交渉も含めて、まめに手紙を書いていた人らしい。出演者同士の罵倒、ののしり合いがしばしばある番組だけに、きめ細かいフォローをしていたと、業界仲間からよく聞いていた。

日下さんに番組を一度のぞかせてほしいと図々しく頼んだら、「どうぞ」とすぐさま言ってくれて、実際に打ち合わせから本番終了後の朝、お酒つきの〝お疲れさん会〟まで、長々と見させていただいた。司会の田原総一朗さんはじめ、評論家、西部邁さん（故人）など親しい人々も多くいて、「太田さん、なんでテレ朝に！」と。日下さんは早くに亡くなられてしまったが、もっとつきあいたい人だった。

とんでもない人物とも仕事をしていた。

71年の夏に起きた、埼玉県の陸上自衛隊朝霞駐屯地・自衛官殺害事件の首謀者として指名手配され、10年間逃亡生活を送った後に逮捕され、懲役5年の刑を受けたTさんだ。かつて京大経済学部助手として滝田修のペンネームで活動し、当時の新左翼運動に大きな影響を与えた、教祖的な存在だった。『ならずもの暴力宣言』を読んだ学生は多い。局の先輩の紹介で彼と会い、強面ながらも情の深い、丁寧な人柄を知り、当時定職がなかったTさんを放送の世界へと誘った経緯がある。

ある時、ふたりで焼肉を食べていると、小さなＣＭ制作会社を立ち上げていたTさんが「なぜ焼肉屋をやらざるを得なかったかという話をうまくたどることで、朝鮮半島と日本の関係を人情ベースに描けると思う。その人の生きてきた歴史みたいなものと焼肉うまいうまいの〝合わせ技〟で、味のある、奥行きのある番組が作れるのと違いますか？」と、アイデアを出してきた。

作られたのが「人情びっくり、絶品びっくり、焼肉キムチ最前線」。91年12月の土曜夕方、『好奇心』の1時間半のスペシャルだった。これがTさんの初プロデュース番組。既に刑期を終えて社会復帰をしているとはいえ、いくら何でも実名じゃまずいだろうとの考えもあり、ペンネームをつけることになった。数日熟慮してTさんが「これで行きますわ」と持ってきたのが「蓮台寺松吉」。「蓮台寺」は、あの吉田松陰が下田でペリー艦隊に接触し、密航を企て国外に出ようとした際に潜伏していたとされる場所。「そこから取ったんや」と。「松吉」の由来は忘れたが、熱い性格がにじむような名前だった。

ジャーナリストの鳥越俊太郎さんとも、この時代に仲良くなった。新聞、雑誌、放送局、それぞれの会社を離れてたまに集まって飯を食ったり酒を飲んだり、横断的に盛り上がる「横の会」を彼が主宰していて、そこに個性の強い面々たちが出入りしていた。今も日本テレビの報道で活躍している下川美奈さん、先鋭的なジャーナリストの西岡研介さん、NHKの丸山俊一さんもいた。彼は『英語でしゃべらナイト』で、プロデューサーとして有名になったが、知的でクリエイティブかつガッツがあり、NHKでは『爆笑問題のニッポンの教養』や、最近では『欲望の資本主義』シリーズで知られる逸材だ。

丸山さんは、09年3月にフジテレビが50周年、NHKのEテレ、教育テレビも50周年の時に、「フジはバラエティ系、Eテレはいわゆる教養系、その組み合わせで共同制作しませんか」と、ある提案を持ってきた。題して『イチか?バチか?プロジェクト』。「イチ」はNHKの「1」で、「バチ」は8チャンネルの「8」。NHK的なマインド、いわゆる教養系の現場と、フジのバラエティの〝異文化交流〟をしましょうとのアイデアだ。

１回目は、それぞれの局アナが相手の番組に出演し、最終回の３回目は「若者の底力」をテーマに、フジとＮＨＫの放送時間を一緒にして、表と裏で同時放送した。大人は若者の底力をどう捉えているかというような部分をＮＨＫ、フジ側は若者の可能性をひとつの軸にして、真夜中にコラボ放送した。フジの現場もよその部隊と組んで強い刺激を受けるいい機会だったと思う。

『好奇心』を制作していた時代——。おびただしい人々とつきあい、自分に流れていない血と骨の数々を知った。何より制作プロダクションの凄みと弱さをヒリヒリしながら体験した。そして、番組全体の底上げをしようという気持ちのある人間が増えれば増えるほど、チームが強くなり、よくなっていくことを体が経験した。30代後半から40代。苦しいけれど、頭も体も無尽蔵にエネルギーが充満していた。

第3章

楽しいだけでもテレビじゃない!

フジテレビは85年6月に、副社長だった鹿内春雄さんが一気に代表取締役会長に就任する。春雄さんは、開局の立役者であり、フジサンケイグループ総帥の鹿内信隆さんの息子。私のひとつ上で、輝くようなカリスマ性があり、「ジュニア」と呼ばれていた。

副社長時代から既にフジにはジュニア体制が敷かれており、さかのぼること81年に『オレたちひょうきん族』、82年にタモリさんの『笑っていいとも!』、85年には春雄さんが目玉のシンボルマークを決め、86年には『志村けんのバカ殿様』、映画ではムツゴロウさんこと畑正憲さんが手がけた『子猫物語』など、打つ手打つ手が大成功。「楽しくなければテレビじゃない」のバラエティ路線を突っ走り、年間視聴率三冠王に君臨し続けていた。

私はといえば、華やかなその世界とは無縁に、フジテレビらしくない世界で自分の生きる道を探していた。「楽しいだけでもテレビじゃない」。それしかないか、と思い始めていた。

ニュースバスターズ

〝捨て枠〟の挑戦

『好奇心』を始めて2年くらいたった88年。編成局長の重村一さんから、日曜夜8時の枠を担当してほしいと持ちかけられた。

日曜夜8時といえば、NHKは中井貴一さん主演の大河ドラマ『武田信玄』。日本テレビがビートたけしさんの『元気が出るテレビ!!』。TBSは大人っぽく紀行ドキュメンタリー『新世界紀行』。4月からは日テレを中心に、各局ドル箱の巨人戦もある。

フジテレビのこの枠はもともと萩本欽一さんの『オールスター家族対抗歌合戦』が君臨していたが、長寿番組となり徐々に力が落ちてきて、番組は終了。その後、局内のバラエティ系大物プロデューサーが入れ替わり立ち替わりチャレンジしたものの、いずれも半年で打ち切りという難しさだった。ある意味〝捨て枠〟になりかけ、私にまで声がかかったのだ。

私は、既に木曜夜9時に『好奇心』の枠を持っていて単発特番も多く、エンジン全開。全力疾走の最中だから、二の足を踏む気持ちもよぎったが、テレビ屋根性というか、野心もあり、エイヤー、と安請け合いした。

さすがに『好奇心』の時のようにあれこれ口出しされたくなかったので、重村さんには、ちょっと考えさせてと断り、7つの条件を出した。一番強く求めたのは、枠担当の編成部員はスタッフルームに立ち入り厳禁。キャスティングについても干渉は一切不要。さらに生番組としては法外な制作費も要求。今思えばやりすぎというぐらいの記憶があるが、重村さんは「分かった、任せる」と承諾した。枠の引き受け手がいなくて、私に放り投げてきたのが本音だったのだろう。88年の年明け1月の半ば、4月のオンエアに向けて、準備が始まった。

私は、ニュース、ワイドショーとは一線も二線も画した本格的なネタを主要項目にした番組を生放送しようと考えた。番組タイトルは『ニュースバスターズ』。ニュース番組でさえ取り上げないような硬派ネタに挑戦するのだ。『好奇心』で、信頼関係のあったプロダクションから一線級のスタッフを出してもらい、混成チームを組んだ。

そして、主要なキャスティング。まず、抜群の安定感があり、フジテレビを代表する看板アナだった露木茂さんを真ん中に置きたかったので確保。次に、『昭和16年夏の敗戦』や『天皇の影法師』『ミカドの肖像』など、ノンフィクション作家として既に第一線で活躍していた猪瀬直樹さんをレギュラーに考えた。連絡すると、打ち合わせに六本木の小《こ》洒《じゃれ》落たラウンジを指定された。

会いに行き、番組の内容を説明すると、猪瀬さんは「それは面白そうだね」と。そっくり返って座っているので、正直「でかい態度しているやつだな」と思った。しかも、「こんな話がいつか来ると思ったけど、３年早かったな」と偉そうにかましてくる。とはいえあれこれ話してみると、無駄な言葉はなく、知識は豊か。反応は早いし、アイデアもすこぶる具体的。即決だった。すぐに、１回分の出演料を提示したら、反り返っていた体を起こしてきたので、おかしかった。猪瀬さんとはこの番組を機につきあいが深まり、都知事を退任した後も、時にお会いする。

ドン・キホーテ宣言

放送開始前に、電車の中吊り広告で「ドン・キホーテ宣言」を派手に打った。民放では、テレビのゴールデンタイムでまともに大人の男向けに作ろうなんて発想をする人はいない。せいぜい深夜、そんな時間帯だ。日曜夜８時は、白昼の銀座４丁目みたいなところで、当時テレビはまだ家族の団欒《だんらん》、家族向けの最強メディア。どうせＮＨＫ、日テレの風車に吹き飛ばされるだろうとの覚悟だったから、シャレで「ドン・キホーテ宣言」としたのだった。

都心のホテルで有名人を集めてパーティー、格調高く番組発表を派手にしたら、重村さんに「こういうことをやると、大体うまくいかないんだよ」と、からかわれた。

番組の初回までに、何とかスクープネタをと、みんなで必死に動いたが、そううまくはいかない。もちろんスクープがなくても、時事ネタ、企画ものとメニューはそろっているが、どうにも物足りない。スタッフは初放送の前日、土曜の夕方から真夜中にかけて、ひとり去り、ふたり去り。局構内にあったプレハブのスタッフルームは私ひとりになった。焦りもあったが、私はワイドショー時代が長かったので、生放送には妙な自信があった。ツキがあれば何か発生するだろうと。

うとうとしていた朝の5時前後。ドサリと音がして、スポーツ紙、新聞が届いた。ざっと目を通していたら、とあるスポーツ紙の一面に、ＮＨＫ『ニュースセンター9時』のメインキャスター木村太郎さんが「ニュースキャスターを降板、民放へ」の大見出しが。これはいけると思った。すぐさまＮＨＫの広報に連絡を入れて出演交渉をするも、けんもほろろ。取りつくしまもない。直接本人にアクセスできないかと、四方八方いろいろ連絡をとっていたら、『好奇心』の縁でこの番組に参加していたハウフルスの菅原さんの親戚であることが分かった。電話番号を教えてもらい、私が自宅に直接電話を入れた。

木村さんは「申し訳ないけど広報を通してください」と型通りの一言。引き下がってはいられない。「広報には既に話をしていますが、対応いたしません、と断られました」。「そうですか。ただそのスポーツ紙を私も読んでいないし、広報を通さず『はい、受けます』とはいかないので、ちょっと考えさせてください」と木村さん。もう一押しだと思った。「木村さん、あなたは全国区、国民的キャスターです。ここはどうしても取材を受けていただきたい」と粘ると、やっと「太田さんの電話番号を教えてください」。

やきもきしながらしばらく待っていると、木村さんから電話が来た。「今晩始まる番組の司会者は、露木茂さんですね。露さんなら私はよく知っているので、今日昼間、家庭でワープロでも打っていますから、そこに何げなく来た感じで訪ねてきてくれれば、私も答えないわけにはいかない。それでどうでしょうか」と。

この人は取材する側の気持ちを本当に分かってくれる人だなと、追い詰められていたのでなおさら実感した記憶がある。ＮＨＫの職員だし、早朝、見ず知らずの私の電話でそう簡単に取材は受けられない。知恵を絞ってくれたのだ。露木さんが緊急出動、木村さんにインタビュー。それがトップ項目となり、１回目の放送がスタートした。

硬派ひとすじ

大人の男たちの興味、関心をテーマに日曜夜8時での放送。構想した通り、硬派で攻めた。

公明党の現職議員が、「池田大作への宣戦布告」という文章を『文藝春秋』に寄稿した。

公明党といえば、創価学会が基盤であることは誰でも知っている。その中で起きた大事件なので、あらゆる雑誌、週刊誌が連続的に報道する。ところが、テレビはニュース番組をはじめ、ほとんど取り上げない。『ニュースバスターズ』はこの騒動の背景を含めてメインで扱った。告発した議員に出演していただくと、当然のことながら放送後に、関係者、スポンサーを名乗る方からも私に「何でこんなことを扱うんだ！」と抗議の声が届いた。

保守の論客、西部邁さんに出ていただいたこともあった。87年、東大教授の西部さんは東京外国語大学の新進文化人類学者、中沢新一さんを東大に助教授として迎えるために教授会に諮《はか》ったが、内部対立があり、最終的には中沢さんの起用が見送られた。西部さんはこのことに怒り、東大教授を辞任。長きにわたって揉めているこの〝東大駒場騒動〟問題がこの頃、クライマックスを迎えており、週刊誌は毎週のようにこの問題を取り上げていた。これまたテレビではほとんど触れられていなかった。ネタが地味、男の世界ということだろう。私は、西部さんをスタジオに招いて、東大で何が起きているかを話してもらいたいと思い、出演してもらうことになった。

ところがオンエアの前日（土曜日）夜遅く、スタッフルームに西部さんから直接、電話が入った。西部さんは酔っぱらった声で、「明日行かないことになったから」と言う。私が絶句していると、「僕の周りが、フジテレビなんかに出たって、さらし者になって笑われて終わるだけだからやめろよって、みんなそう言うんだよ」と続ける。冗談じゃない。「ちょっと待ってください。西部先生ね、あなた周りからあれこれ言われたら、一回約束したことを反故《ほご》にするんですか」と、正攻法で。西部さんは「うるせえ！」と怒鳴り返してくる。何だこの男はと私も本気の大声で、「男に二言はないんじゃないですか！」と返したら、西部さんも正気に戻ったのか、少し間があってから、突然、「俺も男だ！　明日は行くぞ」と言って、ガシャンと電話を切った。翌日、西部さんは『バスターズ』のスタジオに現れた。その後も私の英昭の名前を音読みにした「エイショウ君」という呼び名でかわいがってくれた。

オリジナルスクープ

ニュースを追いかけるだけでなく、番組のオリジナル、スクープ、発掘ものでアピールしたいと考えていたある日。80年代以前、日本の男たちがフィリピンやタイに行って、いわゆる買春ツアーをやり、現地でも顰蹙《ひんしゅく》を買って日本の国会で問題になったことを思い出した。それから10年はたっていたが、遊びに行った日本の男たちとの子供が現地にはたくさん残されているのではないかと勘が働いた。

制作プロダクション、タキオン所属の東正紀さんと、ノンフィクション作家の軍司貞則さんのコンビで、しっかり現地取材をしてもらった。

東君たちは現地のテレビ局と組み、軍司さんが出演して「日本人とフィリピンの女性との間にできた子がいて困っている人がいたら、我々にコンタクトしてください」と、テレビで流した。いました、なんてもんではなく、日本名の名前がつけられている男の子も女の子もボコボコ出てくる。日本人の男たちが名づけ親であることなどが分かる手紙や誕生日の贈り物などのエビデンスがゾロゾロ出てきた。男たちの実名、日本での住所が幾人も分かり、直撃するかどうかで議論になった。その人にも家族がいるし、取材次第では家庭崩壊もあり得る。一方、起こしたことに向き合ってもらいたいというのが、現地の女性たちの切なる願いだった。家には押しかけないが、離れたところで、できるだけ目立たないように直撃取材。「日本人の忘れ物」というタイトルでシリーズ化、３回にわたって放送した。

取材の過程で、東君には大きな収穫があった。子供ではなく、年を取った日比双方の血を引く老人がミンダナオ島ダバオにたくさんいるよ、との情報である。彼はその後追跡取材を続け、その年12月にフジテレビの深夜枠「ＴＶ２（ティービードゥ）」のノンフィクションの回で放送にこぎつける。タイトルは『たずね人の時間』。この企画の〝生みの親〟だった『バスターズ』の関係で私が局側の制作担当として関わった。

ダバオは明治、大正期から日本人が渡航し、戦前からマニラ麻、軍用ロープの名産地であり、日本人街まであった。日本が敗戦、抗日運動が激しかったフィリピンで日系の子供たちは悲惨な戦後を過ごす。日本に対する悲痛な訴えが胸を刺した。この企画は、放送界で最も権威ある賞のひとつ、放送文化基金賞の本賞を受けた。この時の本直しは私の体験でも最長で、36時間ぶっつづけの作業だった。「知力、見識で必死に探し出した言葉を、虫ピンで刺し留める行為だ。ひらたい二次元の映像を言葉で立体化する」。東君がたどり着いた本直し論に、私も同感である。

もうひとつ。当時、パナマのノリエガ将軍が、コロンビアの巨大麻薬組織と組んで、ヘロインの密輸やマネーロンダリングなどの容疑で、アメリカから国際手配され、姿を消したことがあった。遠く離れた日本にも、ノリエガ将軍の詳細が伝わってきた。

私は『ニュースバスターズ』で独占インタビューできないかと、半分バカみたいな発想をした。実現したら、アメリカでも話題になるだろうと思ったのだ。

『好奇心』でも地を這う生き物のごとく、しつこい取材をしていた日本テレワーク所属の長野博信君に、「ひと月かかってもふた月かかってもいいから、とにかくインタビューしてこい」。危ないミッションを与えた。彼は悪戦苦闘の末、ノリエガ将軍がヘリコプターで移動する場面を、一瞬に近い映像とはいえ、カメラにおさめて帰ってきた。後日、長野君が「さすがにくたびれ果てて、カリブ海でカジキのトローリングをやりました」と白状。私は海から帰り、ひとりになった時の長野君の顔を思い浮かべ、「なんだよ」と軽口でからかえなかった。

報道へのルサンチマン

『ニュースバスターズ』はタイトルが示す通り、「報道、ニュース、何するものぞ」の気概で始めた。

私は入社して半年間の研修を終えると、すぐに労働組合に入り、人事に目をつけられる。2年目に報道局に異動させられた。フジテレビは日経連専務理事として財界でのしあがってきた鹿内信隆さんの天下だったので、組合員は全くの少数派。社員千人で百人そこそこ。この異動は鹿内さん直系の報道局で頭を冷やしなさいということだった。実際、当時の報道局に組合員はひとりもいなかった。しかし、組合活動をやめることはなかった。スト突入の時には、広いフロアの真ん中で、合図の笛を思い切り吹いた。個人的な事情もあり、2年足らずで『夕刊フジ』へ出向となり、フジテレビに戻った後も情報番組の畑を歩み、再び報道に配属されることはなかった。

私の志望は報道かドラマだった。40歳を過ぎても報道のど真ん中で仕事ができなかったことが、ルサンチマンのように根底にあったと思う。だから、報道には、大いに物足りないと感じる気持ちもあった。『ニュースバスターズ』の「ドン・キホーテ宣言」は、引かれ者の小唄だったかもしれぬ。報道には、私に反発する者も当然多かった。

ある夜、生放送の最中に副調整室に電話が入った。かけてきたのは同世代の報道のやり手で、「報道の〝まがいもの〟みたいなことを日曜の夜にやりやがって、どういうことだ！」と酔った声音で絡んでくる。「バカ野郎！　オンエア中に酒飲んで電話してくるな！」と、電話を切ったが、その後、数週間にわたって『ニュースバスターズ』の生放送中に、どうってことのない内容のニュース速報を流された。報道がやりたくてもできないことを、素人が勝手にやりやがってという、複雑な思いがあったのだろう。報道のメンバーから見ると気に入らない存在だった。

しかし、そんなやっかみも5か月で消えた。この枠は誰がやっても一桁台だったが、『ニュースバスターズ』もモロ一桁で、打ち切りの運命をたどったからだ。

これには、ジュニアこと鹿内春雄さんが『ニュースバスターズ』開始の週に、42歳の若さで急逝した影響もあった。ジュニアの死により、局内には三冠王絶対死守、弔い合戦的な空気が立ち込めていたからだ。視聴率の低い番組を垂れ流している余裕はない。

ジュニアの後を実質的に引き継ぎ、50歳にして社長に就いたのは、当時編成担当役員だった、日枝久さんだった。

正味5か月の短命番組だった『ニュースバスターズ』。しかも日曜日、フジが野球中継で放送しない回もあったので、ほんの十数回の放送に過ぎない。しかし、私にとっては自分のがむしゃらで、向こうみずな性格がよく表れていて、いまだに一番懐かしい番組だ。

この『ニュースバスターズ』のプレハブのスタッフルームは、その後、猪瀬直樹原作のテレビ局を舞台にした劇画『ラストニュース』（弘兼憲史・画）に描き込まれて〝保存〟された。

単発番組

バブル日本に忍び寄るアメリカの戦略

私の〝硬派路線〟はその後も続いていく。

『日米緊迫スペシャル』は、テレビマンユニオンのメンバーで、現在も『世界ふしぎ発見！』などで活躍する中谷直哉さん、村田吉廣さんと組み、メインキャスターには田原総一朗さんを置き、計4回にわたって放送された。

80年代、日本はハイテク景気に支えられ、高度経済成長を達成した経済大国になっていた。国際的にもバランスを欠いて伸びすぎたことにより、アメリカを中心に反発があり、日本はその圧力の下に円高に持っていかざるを得なくなった。それが「プラザ合意」だ。ところが、円高を利用して、三菱地所がロックフェラーセンターを買い、ソニーがコロンビア映画を買収したり、有名ゴルフ場も日本資本の傘下に。アメリカを象徴するビルや文化を日本が円で買ってしまったのだ。今の中国の覇権への動きを連想させるようなすさまじい勢いで、アメリカとアメリカ人を刺激した。そうなると、「トゥキディデスの罠《わな》」、かつてのソ連、今の中国にしてもそうだが、アメリカは新興勢力の二番手を叩き潰そうとする。

その象徴は、89年から90年にかけての日米構造協議だった。アメリカが日本に対し、貿易面での自由化を中心に制度改革などを厳しく要求してきたのだ。「第二の黒船」という言葉が、新聞の見出しに躍っていた。門戸開放をあらゆる手口で求めてきた。この件はある種トレンドとして気になったし、どうにも納得できない、理不尽ではないかという個人的な思いもあったので、日米構造協議や日米関係の内実をきちんと伝えることができないかと考えた。本来は報道がやるべきことだが、報道からそうしたスペシャル企画が出ていなかったので、編成とさっさと話をつけて、90年4月から年4回のシリーズでやることが決まった。

通しタイトルは『日米緊迫スペシャル　大世紀末　ローリング・ナインティーズ』。ローリングは吠えるを意味する「roaring」からとった。

1回目のサブタイトルは「気分はもう戦争！　クジラは利用された!?」。

アメリカの膨大な対日貿易赤字で、日米関係は戦後最大の危機だと言われていたが、日本はＩＣチップなどのＩＣ技術で飛び抜けて世界をリードしていた時代。ハイテクノロジーの付加価値が高く「メイド・イン・ジャパン」で質の高さを示し、『ジャパン・アズ・ナンバーワン』がベストセラーになり、敗戦国が〝経済戦争〟でアメリカに勝った気分だった。

今振り返れば89〜90年というのは、バブルの終末に近づいていた頃だが、誰も気づきもせず、テレビCMではリゲインの「24時間戦えますか」(『勇気のしるし』歌：牛若丸三郎太＝時任三郎)がバンバン流れている。隔世の感がある、全く呑気、能天気で元気な時代だった。既に、その頃から日本は足元からひざ辺りを狙い撃ちされていき、最終的にはバブルが崩壊する。日米半導体摩擦や技術格差、捕鯨に関しても国際的な環境問題に仕立て上げられていたので、アメリカがどのように戦略的にそれを進めてきたかを扱った。カーター政権時の国家安全保障問題担当の大統領補佐官ズビグネフ・ブレジンスキーは我々のインタビューで、「日本だけの問題じゃない」という証言もしてくれた。

2回目のタイトルは「明日激突！　謎だらけ、日米構造協議の内幕に大接近」。

その当時、既に石原慎太郎さんとソニーの盛田昭夫さんの著書『「NO」と言える日本』が大ベストセラーになっていた。日本側がアメリカに対して、何でも「はい、はい」と聞くような時代は過ぎたという気骨と勇気あふれる内容。これに溜飲を下げた日本人がたくさんいたから、その辺りを伏線に展開した。

3回目は「ハイテク 日本再占領を阻止せよ」。

アメリカはかつて日本を占領したが、今回のテクノロジー戦争で日本を叩き潰そうとしているのではないか、いわば日米構造協議で日本を再占領するんじゃないかという、あえて煽情的なタイトル。正直に言って日本を侮《あなど》られたり、力で屈服させられたりすることへの反発心もあった。日本の敗戦の象徴でもある戦艦大和は、先端技術の結晶だったが、航空戦力の前になすところなく、戦略面で敗北している。しかし、日本はゼロから復興して、東京オリンピックを開催。トヨタ、日産が象徴するように、ハイテクノロジーの塊といえる自動車の分野でも力を得た。とはいえ、パソコンひとつとっても、ソフトの重要な部分はアメリカにあった。今にして思えば、知的所有権の問題を含め、浅はかに勝ち誇ってしまったことへの強烈なしっぺ返しだった。

この回ではアメリカの商務省技術局のキーパーソンや元防衛事務次官に、日米関係は将来、技術面でどう変化していくかを聞いた。日本のみならずドイツも含めて、技術大国は将来どのような競合、いかなる推移をたどるかにも着目し、日本の半導体研究の第一人者、東北大学総長を務めた西澤潤一さんにもインタビューを行った。アメリカは他国に対して気を許している時代には、基礎技術も供与し、フレンドリーだ。ところが、アメリカを脅《おびや》かす存在になると、彼らは途端に態度を変える。決して友好的ではないという内容だった。

4回目は、中曾根康弘さんを主役に。

1本の特集を素人が、知恵熱が出たかのごとく2〜3か月で準備を進めて、2本目、3本目と特番を打つのだから、報道からは狂気の沙汰に見えただろう。

パワーシフトが見つめた未来

『日米緊迫スペシャル』シリーズの4本目を準備している頃、編成から急な要請があり、未来学者、アルビン・トフラーさんの特別番組を作ることになった。『第三の波』や『未来の衝撃』は世界的なベストセラーで、日本でも売れた。系列のフジテレビ出版から新刊『パワーシフト』が出るので、そのバックアップのために本のエッセンスを反映したドキュメンタリーを作れないかということだった。『パワーシフト』は、将来の世界は財力ではなく、知識や情報力を持つ者が世界を支配していくという予測がテーマ。それを象徴する世界の事例を書き連ねている本だった。私もそれまでにトフラーさんの著作を読んでおり、彼と仕事ができるならぜひやってみたいと、例によって安請け合いをした。

最初にトフラーさんと会ったのはロサンゼルス郊外。顔合わせと打ち合わせを兼ねて、編成担当と私のふたりでご自宅を訪れた。広大な敷地に森と山が広がる、山荘というより大邸宅。世界的ベストセラー作家はこういうものかと、驚きながらも納得した。トフラーさんが出してきた取材条件は、共同研究者でもある夫人のハイジさんを常に同行させることだった。

彼女は映画『００７　ロシアより愛をこめて』に出てくる、靴にナイフを仕込んだロシアの諜報員のような凄みがあり、トフラーさんがしゃべっている間に割り込んでくる気の強い人だった。

90年12月にふたりが来日し、国内ロケを敢行。その後、ヨーロッパ、中東に渡り一気撮りして、１月15日の放送に間に合わせた。信じがたいスピードだった。チームは、『日米緊迫スペシャル』から横滑りさせたテレビマンユニオンの中谷、村田コンビ。

東京でトフラーさんがインタビューした相手は、７人。日本電気（ＮＥＣ）社長の関本忠弘さんは東京・芝にあるＮＥＣスーパータワー最上階のレセプションルームで。マッキンゼー・アンド・カンパニー日本支社長だった大前研一さんは、新宿の新都庁舎建設現場の橋の上。田原総一朗さんは隅田川に浮かぶ屋形船。石原慎太郎さんは国会議事堂近く。小沢一郎さんは自民党の幹事長室。「山は動いた」で時の人だった社会党委員長の土井たか子さんは党本部。堺屋太一さんは、池袋に出来立ての東京芸術劇場。このように、それぞれロケーションをすべて変えて行った。

トフラーさんは温厚な人だったが、緊張する場面もあった。

エルサレムでロケ中、世界中の観光客が訪れる有名な「オリーブ山」で立ちリポートをお願いした。ところが、バスから降りるのは嫌だと言う。彼はユダヤ人。観光客目当てに露店を広げている人たちは、着ているものや顔つきからアラブ系に見える。ユダヤ人の自分がここで降りたら何をされるか分からない、怖いから嫌だと言うのだ。本気だった。イスラエルとパレスチナの歴史的な関係を、素朴に実感した出来事だった。

番組は冒頭、ゴラン高原でのトフラーさんのプレゼンテーションから始まる。

「今世界はパワーシフトの真っただ中だ。その中で中東にいる。世界を支えてきた権力構造がすべて崩れ去った21世紀に向けて、権力の三つの要素『暴力』『富』『知識』が日常にいかなる役割を果たしているのかを分析する。新しい権力がどういうものなのか見ていこう」

その後、日本のハイテクパチンコ店、銀行のＡＴＭ、兜町のルポルタージュ。キャッシュレス社会の現場として丸井のチャレンジなどの様子も取り上げ、情報ネットワークの進化で、日本のシステム全体が変わりつつあるという流れを描いた。トフラーさんは、有楽町のガード下で行われたある中央省庁の官僚の同期会を見て、「国を支えるエリートたちがこんな場所で！」と驚いたり、秋葉原のパソコンショップを見ながら、日本は情報技術が一般人のレベルでも高いという感想をも入れたりした。相当にてんこ盛りな内容。日本とアメリカとヨーロッパ、この三つの大きい競争者はこの先、どんな役割分担と覇権争いをするのかを3時間にわたって考察し、最後はエジプトのピラミッドの前でトフラーさんがまとめた。

この91年1月の放送はわずか30年前。この頃、中国は議論の俎上《そじょう》にのってこなかった。アメリカは徹底的にソ連を封じ込めて追い込み、ソ連邦が91年12月に解体、日本も90年を挟んで、日米構造協議を大きな契機として追い詰められた。これからの10年、新型コロナの災禍を経て覇権は中国へと「パワーシフト」していくのだろうか。今更ながら強いワードだなあと思う。

「大喪の礼」の1日

平成から令和への御代がわりが記憶に新しいが、個人的には昭和が平成に移った時の日々の光景が忘れられない。

88年9月に昭和天皇が吐血されて以降崩御される89年1月7日まで、１００日以上にわたって社会は自粛モードだった。歌手の五木ひろしさんが結婚披露宴を中止、テレビも『笑っていいとも！』のテーマ曲を差し替え、ＣＭも全体に大人しくなるなど、社会、世間は天皇のご病状に気鬱な日々を送っていた。

その間、メディアに関わる人間は崩御にそなえ、速やかに万全の対応をとるべく、アラート、臨戦状態にあった。ポケベル、弁当箱のように大きい携帯電話を、夜の酒場でも離せなかった。久しぶりの休日に、小学生の息子と多摩川でボート遊びをしていたらポケベルが鳴り、ちょうどボートが浅瀬に乗り上げていて、慌ててふたりでズボンをずり上げてボートを岸辺まで押し、公衆電話ボックスに駆け込んだこともあった。

89年1月7日、朝5時過ぎからご容態が急変し、昭和天皇は崩御された。フジテレビは7時55分から翌日26時まで42時間にわたるCM抜きの特別編成を組んだ。そして2月24日に大喪の礼が行われるのを受けて、26日の日曜夜9時から、緊急特集の放送を決める。その枠を任された私が作ったのは、『2・24世界が見つめた日』だった。

番組の内容は、24日朝からの日本の1日を切り取ろうというもの。日本では自粛モードが社会に浸透していたが、一方で日常は続いている。私はその記録も残すべきだと考えた。例えばラブホテル街、スキー場、横浜のゴーゴークラブ、そういう場所であえてインタビューする。大喪の礼なんか関係ありません、とにかく幸せで、幸せで、みたいな声もあるだろうと思ったのだ。ちょっとまずいんじゃないかという声もあったが、これはあくまで「記録」なんだと押し通した。

『好奇心』『ニュースバスターズ』で培ったネットワークで、信頼関係のあるプロダクションを総結集し、50チェーンの取材クルーで日本各地を切り取った。報道の映像、ネット局の素材、とてつもない量の取材テープを荒業、早業で一気にまとめて、ナレーションと音楽をつけ、正味1日半後に放送した。みんな不眠不休、手品師の親玉のような体験だった。

波乱万丈のグレートジャーニー

随分と様々なジャンルの番組を制作したが、スペシャル感でいえば、探検家、関野吉晴さんと組んだ『グレートジャーニー』には特別な記憶がある。1回目の放送は95年3月で、1回2時間の作りで、夜9時から計8回放送された。

シリーズが始まる2年くらい前のことだ。フジテレビにとって、重要なシリーズスペシャルだった『ムツゴロウとゆかいな仲間たち』を指揮していた上司でもある緒方悟さん（元テレビ熊本社長）から、とんでもない企画を持っている人がいるから、会ってみないかと勧められた。

フジテレビに現れた関野さんは、小柄で穏やかな微笑みを浮かべ、少年のような雰囲気を漂わせていた。

ホモサピエンスが誕生したのは20万年ぐらい前のアフリカのタンザニア。その後6万年ぐらいかけて人類は北上し、アフリカ大陸からユーラシア大陸へ移動し、ユーラシア大陸を東に進んでベーリング海峡を渡った後、今度は北米を南下していく。最後はチリの最南端、ナバリーノ島にたどり着いたという人類学上の仮説があり、その移動の歴史は「グレートジャーニー」と呼ばれている。関野さんの企画は、人類がたどり着いた最終地点から徒歩、もしくは自転車、カヤック、ラクダや犬ぞりといった動力を使わない生きものと人力だけで、人類が発生した地点を逆のルートでたどってみたいという内容だった。ただ移動するだけではなく、これだと判断した地域にはしばらくの間滞在して、人々と生活をともにすることで、どのように人が変化していったのかも体感したいと。

「どのぐらい時間がかかるのか？」と聞くと、淡々と「10年です」。私は、絶句した。しかも予算的には、1年1本、1回当たり最低でも1億円ぐらいはかかりますとも。言葉を失った。それにしても、話のスケールのわりに、ボソボソッとしかしゃべらないこの男のどこにそんな度胸があるのかと、驚いた。同時に地味なドキュメンタリーだからこそ、しゃべってもらわなければ困る場面がいくらでもある、寡黙ぶりに大丈夫かなという不安も抱いた。また、サラリーマンプロデューサーの私は、10年の間にいくらでも異動の可能性がある。その場合、誰かが引き継いでくれるのだろうかといった不安もあった。

　スケール感での魅力は特級品だが、これだけ長丁場の企画はまあ、通らないだろうと思っていた。ところが、ちょうどその頃、編成部長に就いた男が私の同期で、ひと山当てようという気があったのか、すんなり乗ってくれたのだ。もし、彼がいなかったら、この企画は絶対に実現していなかっただろう。

関野さんは一橋大学で探検部を創設した人物。大学時代からずっと南米を中心に、奥へ奥へと攻め込むように、未開の地に住む種族の人々と暮らしを重ねてきた。南米の奥地に住み込むために、医師の資格まで取っている。さらに、早稲田大学探検部ＯＢで紛争地帯の専門家、恵谷治さん（故人）がリーダーとなり、早稲田を筆頭に京都大学や他大学の探検部のＯＢが連なって、「グレートジャーニー応援団」ができていることも分かった。ドキュメンタリーを制作するにあたり、彼らが関野さんの探検を全面的にバックアップすることも決まった。

95年の３月に放送された1回目は、堂々の二桁視聴率だった。フジテレビにはこれまでこうした大型紀行ドキュメンタリーがなかったので、スポンサー、広告代理店からも高い評価をいただいた。その後も高視聴率を獲得する。一方で、強烈な不安感に苛《さいな》まれ、心底ヒリヒリしたことも何度かあった。

私が一番気を揉んだのが、シリーズ3作目。97年2月放送の「パナマ〜アラスカ　北米大陸１２０００キロ」だ。この回は南米を北上していく際に、コロンビアからパナマにかけてどうしても外せないルートがあった。コロンビアの国境付近は巨大な湿原地帯で、なおかつ広大な密林が広がる。そこは、反政府ゲリラ、左翼勢力、そして麻薬組織の複合拠点でもあった。この頃、日本人駐在員がゲリラ組織に誘拐されたこともあり、まさに〝悪の集団〟の温床とも言うべきエリアで、コロンビア政府軍さえ足を踏み入れない。関野さんは、どうしてもここを通ると言う。

何とか迂回できるルートを探して欲しいと説得したが、関野さんは「細心の注意を払って行く」と、譲らなかった。「グレートジャーニー応援団」も、「衛星電話を使って常に安否の確認をとりながら行くので、任せて欲しい」と言い切る。領事館に事前に説明したが、「絶対にやめてください。もし何かあったら大変なことになるどころか、お線香を上げることもできませんよ」と。関野さんとクルーに事件が起きれば、その責任はフジテレビにふりかかってくる。実に窮した。上司に相談しても「いいよ」と言うわけがない。上司がまた上司へ上げれば、当然のことながら「やめろ！」の結論が出るのは目に見えている。関野さんたちは「フジが駄目だと言うなら、このシリーズは中止にしましょう」と強気だった。

私の結論はずばり「運を天に任せる」。関野さんを中心とする彼らは探検のプロ集団で、可能な限りの情報も収集し、何とか切り抜けると言い切っているのだ。テレビに限らずメディアは時として、自らの「勝手な事情」を相手に押しつけがちだが、この『グレートジャーニー』はシナリオを描いても、そもそもその通りにいくはずもない企画。関野さんの判断力を信頼し切れるかどうか、完全なる応援団に徹せられるかが問われた。カヌーをかつぎ、カメラ機材はあるわの目立つ集団が、１週間近くかけて危険ゾーンを縦走、無事に通り抜けたとの一報が届いた時は、心から安堵した。

当時、現場のプロデューサーを任せていた高橋和男君には「首切られたら、それもしょうがないな」みたいな話をして、彼も「しょうがないですね」と言っていたが、「太田さんは初めからフジテレビでいいけど、俺は制作会社からフジテレビの社員になってまだ10年もたってないのに、これで首切られたらたまんねえな、と思って、ムッとしていた」と後になって聞いた。

他の回では、太古は地続きだったベーリング海峡を渡るため、海が凍結するのを1年間待ったこともあった。また、2時間スペシャルとはいえ、限られた放送時間でどの映像を選ぶかなどで関野さんと高橋君の見解が異なり、しばしば揉め、時には互いに不信感を持つこともあった。10年がかりの様々な困難を乗り越えて、関野さんは北極圏、モンゴルと過酷な旅を続け、ゴールのアフリカ、タンザニアまでたどり着いた。

私は番組を始める前に、「もしこの旅が大きな事故もなく、関野さんが人類発祥の地までたどり着ければ、出迎えに行きます」と約束していたので、応援団の恵谷さんたちと現地に向かった。ゴール地点の峡谷は、キリンやシマウマ、サイがのどかに動き回るンゴロンゴロ自然保護区に近く、ところどころにマサイ族の集落があった。大地溝帯の断層崖に囲まれた巨大な盆地を上から眺めるとその光景は現実離れした、桃源郷のように見えた。

『グレートジャーニー』のテーマ曲は、スティービー・ワンダーの『Conversation Peace』。

スケール感があり、生命力、躍動感に満ち雄大でいて軽快、番組のテイストを底上げしてくれた。音の面での演出にも恵まれたシリーズスペシャルだった。

江分利満氏の一生

私は、団塊の世代と言われている47年から49年生まれの1年先輩。同じ昭和21年に生まれた人数も200万人を軽く超えているから、ほぼ団塊の世代のようなものだ。この世代は自分も含めて90年代には40代半ばで、会社でも中堅どころの人が多かった。当時はまだ55歳が定年の時代だったから、去っていく先輩たちの後ろ姿も目に入ってきていた。

そうした年齢に差し掛かり、山口瞳さんのデビュー作にして直木賞受賞作の『江分利満氏の優雅な生活』をテレビ的に表現できないかと考えていた。「江分利満」とは言うまでもなく「誰でも」「どこにでもいる人」の「エブリマン」を漢字に仕立てている。また、ロアルド・ダールの小洒落た短編小説集『Someone Like You』(邦題「あなたに似た人」)も気に入っていたので、『あなたに似た人』と〝江分利満氏〟がいつも頭のどこか、隅っこにうろうろしていた。

東京のどこにでもいるサラリーマンの人生をドキュメンタリーにしたい。サラリーマンの大半はエリートではない。順調な時もあれば、失意の時もあり、浮き沈みがある。〝普通〟

の人の人生でも、詳《つまび》らかに追っていけば、「そうなんだよなあ」と、しんみり味のあるドキュメンタリーになるのではとずっと思っていたのだ。

　自分のこともなぞらえて考えながら、ひと世代前ぐらいで、地方から出てきて東京の私立大学に入った人。それも一流ではなく、言ってみれば二流かそこら。勤め先は一応大企業だが、本当のトップ企業ではない。30歳前後で結婚して、子供をふたりほど作り、頑張ってローンを組んで、マイホームを購入。役員にはなれず、子会社に行くなりしてローンを終える。子供も巣立って、静かに会社を離れていく。そんな典型的な〝江分利満氏〟を探すことから始まった。このモデル探しは難航した。

　制作を頼んだプロダクション、スタッフラビの代表池田睦也さんは、『好奇心』以来のつきあいがあるディレクターでもある。「どこにでもいるサラリーマン」といっても、〝条件〟にかなう人物を探し当て、さらに取材の許諾を得るのは容易なことではない。彼は暇を作っては、企業に当たり、知人の人脈をたどり、「この人、どうでしょう」と私に候補を持ってきた。「まだ、まだだなあ……」と、半年以上はかかった。放送枠は土曜夕方の90分、単発枠だった。

　結婚に至るまでのラブストーリーの証拠写真から、住宅ローンを組んだ時の明細まで、全部公開、人生を露出しろと要求するのだから、どこにでもいる人を探し出せても、そこからの出演交渉が難しかった。出世の階段を上りかけたかと思ったら、一転、配転といった不本意もある。基本的にはプライバシー中のプライバシーなのだ。

繊維会社に勤める〝江分利満氏〟は、まさしく私が勝手にイメージした通りの人物で、取材を受けてくれることになった。タイトルは『ああ定年　あるサラリーマン38年の人生』。池田さんが1年半ほど密着し、定年退職の日に花束をもらい、家に帰宅するまでを記録した。

企画とは、人の言葉の断片や、読んだ本の一節、映画のシーン、そういうものが知らず知らずに堆積して、不意に化学反応を起こして出てくるものだ。それがかなえられた時、テレビ屋って申し訳ないくらい面白いと感じた。

共同制作

韓国文化放送（ＭＢＣ）と共同制作したこともあった。フジテレビはＭＢＣと業務提携していたので、毎年お互いの役員と局長レベルがソウルに行ったり、東京に来たり、業務にまつわる定例協議を終えた上で、大宴会をする友好関係にあった。

98年の協議の際、生活情報局長だった私のカウンターパートに「ふたつの国でお互いの見解が異なるものについて、共同制作したらどうか」と提案して盛り上がった。その後、「安重根」を提案した。日本からすれば明治の元勲のひとり、伊藤博文の暗殺者。韓国側から見ると、救国の英雄である。その安重根を現在、どう認識するか。それぞれに取材を進め、必要な素材は貸し借りし、中身の編集権はそれぞれが持つ。私は日本側のリポーターを直木賞作家、佐木隆三さんにお願いした。佐木さんとは『小川宏ショー』以来の〝酒乱〟仲間だったし、何より『伊藤博文と安重根』の著作があった。

佐木さんは「僕は韓国で有名なんだ」と言っていて、私は本気にしていなかったが、韓国での取材初日、タクシーの運転手さんが早々に佐木さんの存在に気づいて驚いた。滞在したのは４日間くらいだった。佐木さんはホテルの朝食を嫌い「いい店があるから」と、私たちを連れていったのは、ホテルの近くにあった居酒屋。取材や打ち合わせを控えているというのに、しこたまマッコリを飲み、「取材時間をずらそうよ」とご機嫌。翌朝は二日酔いに効くという「牛の血みどろスープ」を一緒に飲んだ。

仕事に入ると人が変わる。裁判傍聴の取材で鍛えたのだろうか、取材の際、一切メモをとらない。記憶力の良さは抜群だった。

晩年、故郷の福岡に帰ってから、一度お訪ねした。さすがに酒量は減っていたが、意気軒《けん》昂《こう》だった。

戦争がつないだ縁

『ニュースバスターズ』以降、土曜日午前中の情報番組などずっと一緒に仕事をしてきた猪瀬直樹さんは、打ち合わせの場でいつも若いスタッフに出会い頭、親父の一発をくらわしていた。

「いいかい、相手は政治家も官僚も命がけなんだよ。こっちが不勉強じゃ、どうしようもないだろ」と。三権分立とマスコミの関係、その責任についての講義までしてくれる。自分の著書を渡し、次に来るまでに読んでおけと。「若いやつに、もっと頑張ってほしいんだよね」、そういう人だ。

猪瀬直樹さんの『昭和16年夏の敗戦』が昨年（2020年）、中央公論新社から新版として刊行され、よく売れている。開戦前に日本の若い俊英、スペシャリストたちが総力戦研究所で敗戦を予測したが、受け入れられなかったという歴史のファクトをベースにしたノンフィクション。83年に出版された当時から評価が高く、政界、財界、官界でも、この本のことを知らない人はいない。名著『失敗の本質』といい、今また売れている事実は、日本人が進化していない証左ではないかと思ってしまう。

私の父は開戦の翌年1月、当時のオランダ領インドネシアのパレンバン石油基地降下作戦に参加した落下傘部隊〝空の神兵〟の一員である。父から、戦争体験をよく聞いて育った。

そんな背景もあり、私は積極的に『徹底比較・日独戦後補償の47年』や『自衛隊創設50年』などの番組を作ってきた。

91年にも開戦にまつわるテーマをあれこれ考えている時に、ある人から、三井物産のワシントン駐在事務所所長、寺島実郎さん（現多摩大学学長）のことを耳にした。ちょうど別の仕事でワシントンに行く用事があったので、その折に彼を訪ねた。

私から「日米関係は今も緊迫した情勢にあるが、戦争もやっているし、日本にとっては江戸時代に幕府が開国したきっかけになるなど、特別な関係。日米関係を大きく捉えた物語ができないか」と話したら、翌朝、「鉄」を切り口にするアイデアが出てきた。

「鉄は国家なり」。戦争は工業力の戦いだ。日本も江戸から明治に移り、優れた鉄を大量に作らなければ国は成り立たないとの認識で、官営八幡製鉄所を作った。その当時も、アメリカの技術供与、アメリカの知恵が入ったのではないだろうか。その後、先の大戦で、中島飛行機や特に八幡製鉄所は完膚なきまでに破壊され、鉄の生産が追いつかなくなる。敗戦後も、アメリカは日本に工業国家としての再生を認めず、鉄鉱石や鉄くずの輸入を禁止した。ところが冷戦が勃発して、安全保障上、日本がアメリカにとって重要な国と位置づけられるや、鉄くずの輸入は解禁される。また、自動車技術に関しても日本にとってアメリカの恩恵があったはずだと話が弾み、帰国した。鉄をめぐる日米の様々な過去のしがらみや絆を描くことに決めた。

事前調査は、テレコム・ジャパンの寺島高幸さんと組み、鉄の町として知られるピッツバーグにて、鉄に関わる大物たちを事前取材した。

ディレクターは、テレコムスタッフが推してきた眞部猪一さん。眞部さんは、テレコムとフリーランスで契約しているディレクターで、初めて一緒に仕事をしたのだが、どうも局を信用していない。編集方針をめぐって、局側から納得のいかない注文を出され、理不尽にも自分の本筋がねじ曲げられた、そんなネガティブな経験が数々あったらしく、なかなか腹を割ってこなかった。スケジュールが押せ押せになってきても、締め切りを全然守らない。なんとか編集が終わり、いよいよナレーションを入れる日が近づいてきても原稿は届かず、「今、書いています」の一点張り。台本があがってこない。当日になっても途中までしかできておらず、何日も風呂に入っていないと言う。録音スタジオのデスクで裸足で必死に続きを書いている始末だった。ナレーターは大先輩の露木茂さん。露さんもさすがに、「なんだこの追い込みは!?　これで、特番かね！」と思わず口に出る。時間がない。私もなりふり構っていられず、あがってきた原稿に手を入れ直しては、露さんに渡していく有り様だった。

かくて、12月８日の土曜夕方、２時間枠で『日米開戦50周年特別企画　もうひとつの真珠湾　衝撃の日米鉄人戦』が放送された。戦争の物語ではあるが、「もっと違う日米協調関係もあるのではないか？」がテーマとなり、エンディングは既に寂れたピッツバーグの製鉄所や町並みに、ジャニス・ジョプリンの「サマータイム」が流れるという独特なテイストのある番組に仕上がった。

眞部ちゃんは、しばらくたってから私を訪ねてきて、「いろいろ迷惑をかけましたが、仕事があれば、やる気ありますので」と仁義を切ってきた。私も「ふざけんな、この野郎！」と思っていた気持ちも消えていて、自分からは絶対に出てこない味をつけてくれたことに感謝していた。彼は後に始まる番組『ザ・ノンフィクション』や『ワーズワースの庭で』では、私たちと直契約し、若いディレクターたちの助言者になってくれたのである。

ワーズワースの庭で

テレビと出版の融合

『ワーズワースの庭で』は93年に始まった。発案者は当時、編成部員で現フジ・メディア・ホールディングスの社長、金光修さん。「趣味性の豊かな、質感の高い番組を作りたいんです」と、イギリスの詩人、ワーズワースに由来した『ワーズワースの庭で』という番組名まで考えて、私に持ってきた。91年、バブルが弾けて以降、落ち着いた趣味・趣向性の強いものを選ぶトレンドが来ていて、出版では小学館の雑誌『サライ』が高い評価を得ていた。テレビにはこういった類の番組はなく、難易度が高かった。その種の文化を持っているブレーンがスタッフサイドにしっかり入ってこないと、テーマ設定からして相当難しいんじゃないかと考え、以前からチャンスがあったら組んでみたいと思っていた編集者、小黒一三さんに会いに行った。

　彼は雑誌『ＢＲＵＴＵＳ』で、まだベトナム戦争の記憶が残っている頃にあえて、特集「リゾート・ベトナム」をやったり、タイの取材では経費精算で、象1頭分、６００万円の領収書を通したりと、伝説をいくつも持っている人物。業界有名編集者のひとりだったが、ちょうどこの頃マガジンハウスを辞めて独立し、出版・編集プロダクション「トド・プレス」を設立したばかりだった。

　彼のもとには『ＢＲＵＴＵＳ』に出入りしているフリーランスのライター、編集者、車好き、競馬狂、カメラマニア、時計おたく、中国茶好き、ロンドンフリークなど、趣味性豊かな人がたくさん出入りしている。小黒さんをはじめ、そうした面々を丸ごとブレーンとして、時には出役にもなってほしいと、私にとっては破格の料金を提示して制作協力のオファーをした。小黒さんも事務所をマネジメントする上で十分役に立つと思ったのだろう、本気で協力してくれた。時計、カメラ、お茶に詳しく、「イムジン河」の作詞家でもあった松山猛さん、日本で初めてリーバイスを紹介したと言われ、今も伝説のエディターとして語り継がれる寺崎央さん、『平凡パンチ』『ＰＯＰＥＹＥ』で大活躍していた人など、編集・出版の世界で名の通ったプロが何人も参加して、『ワーズワースの庭で』は作られていった。

１回目は紅茶にフィーチャーした「一日１５０杯飲む男」、２回目は「プロバンス～南仏セニョン村に暮らす」、３回目は「男爵～川奈ホテル物語」。それから「和菓子～初夏の京都物語」「オペラ～悦楽ボローニャの謎」「ボストン～アメリカ東海岸の探偵物語」「和風雑貨～東京散歩の達人」「ガーデンライフ～英国式花のある暮らし」「島～タイの楽園サムイ島」「銀座のバー～紳士の隠れ家探し」「料理旅館の贅沢～熱海で１泊２食」「ああ北海道楽～釧路炉端焼モダン」といった感じで、普段着のテレビとは異なるテーマを取り上げた。

番組は当初、金曜の夜11時から45分の番組として始まった。プロデューサーの日向栄二君（現フジテレビ美術制作局長）が、通常のスタジオ収録じゃないような演出をしたいと粘り、中世のヨーロッパを連想させるようなセットを作った。彼は母校、京大の「劇団そとばこまち」で役者を務めていた。

司会は坂東八十助さんにお願いした。『もうひとつの真珠湾』の寺島高幸さんが、推薦してくれた。寺島さんと歌舞伎座の楽屋に八十助さんを訪れると、ご本人が大乗り気ですぐに決まった。アシスタントは河野景子アナウンサーに、ナレーションは近藤サトさんにお願いした。この番組をきっかけに八十助さんと近藤サトさんは結婚に至った。

ナレーションは例によって凝りに凝りまくった。上品かつユーモアたっぷり、ゆったりと独特な文体で統一した。毎回、ナレーションを聴いているだけでも異世界に誘い込まれるような仕上がりを目指した。オープニングのテーマ曲は大島ミチルさんの「シャ・リオン」で幻想世界を想わせた。解像度の高いハイビジョンカメラが出た頃だったので、何度か機材に使用した。ハイビジョンで撮ったスイスが舞台の「腕時計の迷宮」は圧倒的な映像美で、松山猛さんの卓越した蘊蓄《うんちく》もあいまって、高いクオリティーだった。

日常の向こうで遊んだこの番組は、営業の都合で1年後、日曜夜10時半の30分枠に移動、番組タイトルを『ワーズワースの冒険』に変えながらも3年ほど続いた。その間、プロダクションや久世光彦さんなど大物演出家からの企画の売り込みが途絶えることはなかった。

この番組は『ワーズワースの庭で』『ワーズワースの冒険』というタイトルで本にもなった。チェックしてみたら当時の放送がYouTubeに何本もアップされていた。出版文化とテレビの幸福な融合だった。このインターネットの時代だからこそ、テレビはまだまだ捨てたもんじゃないという質感豊かな番組を見てみたい。

プロデューサーの極意

話は少し戻るが、眞部ちゃんが局に不信感を持っていた理由も、実によく分かるのだ。それは局と制作プロダクションの関係性に起因する。局側ではフジテレビに拘わらず、ドラマが好き、バラエティを作ってみたいが制作経験なしという若者が編成部に行ってすぐに、一丁前に大口を叩くようなことがある。それは自分が発注する側にいるという思い上がった根性で、人事異動で決定権限のある場所に行っただけのことだ。

また、制作現場でも制作プロダクション、派遣会社を出入り業者扱いする者がいる。制作プロダクションがなければ、そこで育ててくれる人材がいなければ、テレビというメディアは成立しない。彼らに対して基本的にリスペクトがなければ駄目だ。しかしながら、局の人間がやりがちなのは、プロダクションから持ち込まれた企画にいろいろな突っ込みを入れて、何度もリサーチさせ、局に呼びつけ、行ったり来たりさせる。発注、受注の関係ではある意味当然かもしれないが、プロダクションサイドはそのたびにどうやったら受けてもらえるかと考え、工夫を凝らし、局まで何度も足を運ぶ。なのに、その返事はひと月どころかもっとかかって、しまいには電話にも出てこない。メールを送っても返事が来ない。やっと捕まえて聞いてみたら「上のノリが悪いんだよ」と。彼らからしてみれば、集団合議制で誰が判断しているのか分からないような返事をされるのは、たまったもんじゃないだろう。

また、プロデューサーにも、企画を具体的に考えつく人と、そうではない人がいる。制作現場のプロデューサーはたとえアイデアが出てこなくても、最低限、面白いものはどこにあるのか、人の知らないことを知ろうとする知的な好奇心を持って欲しい。それがあれば、企画の打ち合わせも盛り上がる。「この企画をやってよ」と自分でアイデアを出して発注に責任を持つ局側のプロデューサーが増えれば、外の味方も増えると思うのだ。

『６００年続く一族　能の親子三代　愛と涙の舞台裏』。能の一家・宝生流宗家に密着した金曜夜の90分番組は、池田睦也さんが宝生家を口説いてくれたから成立した。この時間帯は編成枠で、能は地味すぎると反対された。伝統を〝隠し味〟にして、親子の物語を中心に描けば十分に可能性があると時間をかけて説得した。この企画は、週刊誌に載っていた１枚のグラビア家族写真がヒントで思いついたのだが、その後続編を放送している。視聴率は16％を記録した。池田さんは今もＮＨＫ『チコちゃんに叱られる！』の主要なプロデューサー、ディレクターとして活躍している。

「楽しいだけでもテレビじゃない」は、ずっと胸にとどめていた。明晰に意識、確信し、行動の基本にしていたわけではない。だが、体制への不穏な独立心は私の世代の直覚だったかもしれない。

第4章

テレビの信頼性～演出と捏造～

バブルが弾け、就職氷河期が始まり、カード破産がニュースとなり、不況が深刻化していた90年初頭。きんさん、ぎんさんが唯一明るい話題だった。この頃、私は編成局企画制作部長としてドキュメンタリーを中心に番組を統括するポジションに就いていた。

週刊フジテレビ批評

メディアリテラシーの先駆け

社長の日枝さんから、「ちょっと話がある」と、直接連絡が入った。92年初め頃のことだ。日枝さんがかつて報道局の政治記者をやっていた当時の記者クラブ仲間で時折訪ねてくる人物から、こう言われたという。「テレビは開かれたメディア。視聴者の声に耳を傾けた番組があってもいいんじゃないか」。メディアリテラシーという言葉がない時代だ。「数字を稼ぐ趣旨の番組じゃないから、早く始められるところで準備するように」と指示され、すぐに準備に入った。

私は、『週刊フジテレビ批評』と名づけて、視聴者からの耳の痛い話を聞こうと思った。ドラマ、バラエティ、直接番組を制作しているプロデューサーをはじめ、編成部員も含め、顔出しインタビューで行う。編成にはその辺りの橋渡しを依頼して、４月17日から、早朝５時の30分枠として番組はスタートした。

１回目の放送では〝決意表明〟をテロップとナレーションで伝えている。

「フジテレビは視聴料を頂かない商業放送です。電波というものは、得てして一方通行なものです。皆さまの率直なご意見を聞くのが怖いというのも事実です。しかし、他で言われるより、面と向かって言われた方がいいと思うのも事実です。この際、今だからこそ、皆さまのご意見を聞きたいのです。各方面からのご意見がそのまま伝わるように、意図的な処理を避けることをここで誓います。しかし、最後に一言だけ、この番組はフジテレビの反省を前提としたものではないということを付け加えさせてください。テレビを愛する者として。フジテレビ」

最後の「反省を前提としたものではない」は、妙に身構えた言葉で、今読んでみると笑ってしまう。

視聴者からのきついご意見を直接番組のスタッフにぶつけると、もちろん表情が硬くなる。

みんな出演を嫌がった。嫌がるのを追いかけ回した。その後、制作体制が変わったが、既に30年近い長寿番組である。番組の中身はテレビがインターネットとどう関係して変わっていくのかといった、メディアの最前線から、番組審議会の報告など、広がりのある内容になっていて見応えがある。現在はこの番組を契機に全局が週末、日テレは『日テレアップDate!』、テレ朝は『はい!・テレビ朝日です』、そしてＴＢＳは『ＴＢＳレビュー』をそこそこの時間帯で放送している。フジテレビがメディアリテラシーで先駆けていた。ちょっとした自慢だ。

番組審議会の役割

番組は、番組審議会で議論される。放送局は番組審議会を設置することを放送法第6条、第7条で義務づけられている。番組審議委員は局の諮問に応じて議論・審議して意見を述べる。その内容を放送局は総務省に報告する。局の番組審議会の内容を知ろうと思ったら、どこの局であろうと、ネットですぐアクセスできるし、総務省のホームページですべての局の番審の議事録が読めるようになっている。

ちなみにＢＰＯは、最近は人権侵害、番組によって被害を受けたという人たちの駆け込み寺的存在で知られてきたが、こちらは法律に基づいているわけではなく、民放連加盟各社と

ＮＨＫからの出資、資金で運営している任意団体。正式名称は放送倫理・番組向上機構で、その中に放送倫理検証委員会、放送人権委員会、青少年委員会の三つがあり、放送にまつわるトラブル、被害などに対応している。

番審にはよく出席していたので、番審担当役員になる前から、委員に2名ほど推薦していた。ひとりは、作家の林真理子さん。テレビをよくご覧になっているし、見巧者であり、前向きに励ます側で、いいところをすくい取ろうとしてくれる眼差しの人だからだ。もうひとりは、梓澤和幸弁護士。いわゆる人権派、ジャーナリズムについても著作のある方で辛口必至だが、あえてそういう方がいたほうが全体のバランスがいいだろうと考え、強く推薦した。梓澤さんは今も番審委員である。

月に1回行われている番組審議会では、編成としてはどちらかというと危なっかしい番組は審議にかけたくない。番審担当になった私はもっと耳の痛い場にしたほうがいいという気持ちがあった。フジテレビのバラエティ番組はとにかく元気、時にやりすぎなくらいガンガン行くので、ほどほどのバランス感覚を持って欲しかった。

番審委員には何月何日のこの番組をご覧いただきたいと前もって伝えられる。見られなかった委員にはその回のＶＴＲを送り、必ず視聴していただく。当日は議論される審議対象番組のプロデューサーの出席が義務づけられている。ある時、私から編成に「これをかけよう」とあるバラエティ番組を提案したら、反対された。いじめ、暴力といえば大げさだが、ハチャメチャに元気すぎる番組。私はプロデューサーに、自分の思い、信念をあえて語らせようと考えたのだ。編成も折れて、番審にかけられた。その審議される回のオンエアを見て驚いた。普段に比べたら、実にお行儀のいい中身になっていたからだ。なおかつ、プロデューサーは、番審の当日、どうしても外せないロケがあるという理由で欠席。案の定、ある委員から「今回の放送は番審対応的にゆるく作ったのではないか」という苦言を呈された。

『週刊フジテレビ批評』の原点に戻るわけではないが、放送は開かれたものであって、自分で責任をとる覚悟を持ち、厳しい意見に耳を傾けるぐらいの精神がなければ、放送する側の責任は全うできない。反論すべきは反論する。それが私の本音だ。局内にも、「現場が委縮するから、まあまあ」と言う人もいたが、「スタッフロールで自分の名前をさらし放送しておいて委縮するなよ」と言いたい。

テレビマン、最後の会見

番組や視聴者に、テレビマンとして最後まで誠実に向き合った人がいる。アナウンサーの逸見政孝さんだ。

68年にフジテレビに入社し、84年にニュース番組『FNNスーパータイム』に幸田シャーミンさんとのコンビで、キャスター出演。その前枠で放送されていた『夕やけニャンニャン』内のコーナーでは、とんねるずや片岡鶴太郎さんらと軽妙なやりとりを交わし、若者からも支持を得、一気に全国区に。88年にフジテレビを退社してフリーになると、日本テレビの『クイズ世界はＳＨＯＷｂｙショーバイ!!』『夜も一生けんめい。』などに出演し、活躍の幅を広げていった。

　私もかつて『好奇心』でご一緒していて、人柄のよさ、能力の高さをよく知っていた。93年の秋改編で逸見さんが司会のバラエティ番組『平成初恋談義』が決まり、夏頃に番組のポスター撮りがあった。

　撮影が終わると、逸見さんから「この後時間があったら、うちに来てくれませんか?」と誘われた。逸見さんのご自宅といえば豪邸として有名だったから、喜んで伺った。ところが、そこで告げられたのは、胃癌、だった。自分の状況を淡々と話し、今後ご迷惑をかける可能性が出てきたため、と結んだ。

　逸見さんは2歳下の弟さんが30歳にしてスキルス胃癌で亡くなっているため、健康に人一倍気を遣っていた。93年1月から体調を崩し、手術のために入院していたが、翌月には現場に復帰していた。当時は十二指腸潰瘍を患ったと公表していたが、癌に侵され、この時にも既に再発している状態だった。まもなくスタートする『平成初恋談義』の他にも、レギュラー番組を週5本抱えている。逸見さんがとった行動は、「会見」だった。

日本テレビのスタジオで行われた会見の冒頭、彼は病名を偽っていたことを詫び、現状を述べるところから始めた。逸見さんは「これまで伝える側だった自分が、自分の身に起きていることを何も伝えないのは信条に反する」と。その場に立ち会った私は、スタッフ、視聴者に対して、どこまでも誠実であろうと努力する逸見さんが痛ましかった。

当時は癌を公表する芸能人などいなかった。

逸見さんはこの会見から4か月後の12月に、息を引きとる。『平成初恋談義』のポスター用に撮った写真が、遺影写真となった。

ザ・ノンフィクション

勝負の一投

95年10月15日にスタートしたドキュメンタリー番組『ザ・ノンフィクション』は、今も続く長寿番組である。

その年の7月、編成局長の重村さんが突然やって来て、「秋から日曜日の午後に、90分でドキュメンタリー枠を作った。太田、やってくれ」。日本テレビは深夜とはいえ既に全系列参加型のドキュメンタリー枠を持っており、「何でフジにはないんだよ！」などと私たちが酒場で盛り上がっていた間に、重村さんはひそかに編成や営業と調整をして、枠ごと私に持ってきてくれたのだ。入社して以来の長いつきあいだったが、小躍りするほど快然たる思いだった。

10月第1回目の放送のテーマを何にするか。この年は、野茂英雄さんがＭＬＢのドジャースでデビューした年で〝トルネード旋風〟を巻き起こし、最多奪三振をとるなど想定外の大活躍。日本でも野茂フィーバーが過熱していた。野茂を逃す手はないと準備したのだが、あがってきたのは、これまで散々伝えられ、とっくに見飽きているようなアメリカンドリーム達成！　の総集編的な内容。番組のデビュー戦としてはつらすぎた。

追い詰められた私の頭に、ノンフィクション作家、山際淳司さんの『江夏の21球』があった。79年の日本シリーズ第7戦、広島がここで近鉄に勝てば史上初の日本一となる試合。4対3で広島がリードしている9回裏、リリーフエース、江夏豊はピンチを背負うが、21球目にして最後の打者を仕留める。この21球をめぐる攻防を徹底分析したノンフィクションの名作は、その後、ＮＨＫ特集でも野村克也さんが1球ごとに分析、解説コメントをつけて、見応えのある番組になっている。私は勝手ながらこの着想をそのままいただき、初回放送を

「すべてはあの一球から……野茂英雄２９８２球の真実！」に大急ぎで作り変えた。アメリカンドリームを捨てた。

２９８２球は、野茂がメジャーリーグでこの年登板して投げた総球数。その中でも屈指の場面、息詰まる対決を選び、大リーガーが野茂の投球をどう見たかをメインテーマにすることにしたのだ。メジャーの打者はこの年、日本のマスコミから「野茂のアメリカンドリームをどう思うか？」などありきたりの質問に飽き飽きしていたので、私たちの取材で、球筋の分析など細部を聞かれ、待ってましたとばかりに活き活きと答えてくれた。映像使用権の問題やオンエア時期が迫っている中での急な方向転換。制作側だけでなく代理店の方々なども火事場の馬鹿力を発揮してくれたからできた。視聴率は二の次、番組にどうしてもエッジをつけたかった。視聴率は５・９％。日曜昼１時半からの番組だから、デビュー戦としては、「何とかなった」が、実感だった。

２回目はもともと準備していた「オウム真理教４人の幹部と私たちの戦後50年」を放送。数字は10・１％、高い数字だった。

色の濃い作り手

歴代のプロデューサーは自分の味をしっかり持っていたから、色の濃い作品が次々と産み出された。

日産自動車を辞めて中途採用でフジテレビに入社してきた岡田宏記は、「段ボール拾い逆風人生　汗と涙のリヤカー物語」など、裏街道、敗北の人生を生きる人々に引きつけられていた。

ディレクターとしてのデビュー作は、かつて日産仲間で、同じく会社を辞めた人間のその後を追う企画だった。退社後、ラーメン店を開こうとしていた一番気になる元同僚のその後の人生だ。ラーメン店住み込みの今の姿を見られたくないと拒否する、その気持ちもよく分かる。とはいえ、その姿、日常をしっかり映像で切り取らなければ、ドキュメンタリーとして成り立たない。日産の荒川営業所でともにセールスマンをしていた頃、バブルの雫《しずく》も味わえなかったとふたりで愚痴をこぼしながら頑張っていたかつての同僚を、これ以上口説いて追い込んでいいんだろうか。岡田も、追い詰められていた。

読売新聞から中途で入ってきた味谷和哉も独特な志向で、ヒューマンヒストリー、人情ものが好きだった。「われら百姓家族」「江の島駐在日記　イケダ巡査部長16年目の春」「銀座の女の物語　心の傷に雨が降る」など。歌謡曲の聴きすぎじゃないのと突っ込みたくなるくらいのラインナップだった。

私自身が企画して売り込んだものも何本かあった。文藝春秋を辞め、フリーランスになったばかりだったジャーナリスト勝谷誠彦さん（故人）に、「新宿多国籍エリア７泊８日の旅」と題して、大久保に１週間ほど住んでもらい、定点観測取材を行った。既に現在の状況を予見させるエピソードだらけ。エネルギーと観察眼に満ちあふれた男だった。

FNSドキュメンタリー大賞

『ザ・ノンフィクション』が始まった頃、ドキュメンタリーのジャンルをフジ系列全体で盛り上げようという機運が生まれた。キー局であるフジがネット局に制作費の補助金まで出して、『ＦＮＳドキュメンタリー大賞』を盛大に始めたのだ。

スタートした92年に佳作を受賞したのが、私たちの『さよならジープン』。日本にやってきて、風俗の世界に連れ込まれ、悲惨な結末を迎えた３人のタイ人女性を丁寧に追跡した内容。『もうひとつの真珠湾』以来の眞部ちゃんによる、危険な潜入取材、隠しカメラ映像の連続だった。

この制度は今も続き、素晴らしい作品群となっている。東海テレビは２回の大賞受賞に加えてテレビドキュメンタリーを数々映画化するなど、現在も抜群の実績を重ねているが、フジも96年と14年に大賞を受賞している。

96年、味谷和哉が、ある法案が潰され、闇に消えていった経緯を追う企画を持ってきた。『幻のゴミ法案を追う〜ある厚生官僚の遺言〜』。廃棄物処理法の全面改定を目指し、企業責任をより明確にしようという動きの中で起きた、官僚と経済界の軋轢《あつれき》を描いている。

ある日、取材状況を聞くと、味谷君が一番のキーパーソンにまだ接触できず懊悩《おうのう》していることが分かった。相手が徹底して逃げ回っていたのだ。オンエア日が迫っている。丹念に取材された素材がしっかりあるだけに肝心の部分が撮れていないと致命傷だ。「君はかつて俺に新聞記者をしていたことを自慢していたが、味谷の根性はこんなものか！」とぼろくそに挑発した。味谷君はフジテレビに入る前、大阪読売の社会部にいたことを大いに誇りにしていたのである。覚悟を決めたのだろう、１分に満たぬ映像、切れ切れの音声ではあったが、なんとか着地させた。フジは初めて大賞を獲ったのである。

やらせ疑惑

事実と異なる、また、存在しないのに事実のごとくでっちあげることを捏造《ねつぞう》と言う。

店内に仕込みをしておいて、あたかも通りがかりのお客のようにインタビューすればやらせであり、そこまで貧乏ではないのに極貧のごとく家の中を汚せば過剰演出だろう。他にもデータの改ざん、外国人の証言内容が吹き替えで都合のいいように変えられるなど、どれも強いインパクトによって、視聴者に訴えたいが故に生じる禁じ手だ。

97年、『ザ・ノンフィクション』が始まって3年目に入った頃のこと。追い詰められて、えらい目に遭ったことがある。

ある日、東京スポーツの一面にデカデカと「フジテレビ『ザ・ノンフィクション』でやらせ」と大見出しが立った。その回とは「東京二重生活～昼はＯＬ、夜は風俗嬢～」。東京で生きるひとりの若い女性の生態が浮彫になっていた。東スポには女性がＯＬではないと書かれていた。

私が新設の情報企画局長になった年でもある。プロデューサーの岡田君と制作プロダクションの現場ディレクターたちと細かく裏付けの確認をした。その女性はリサーチャー頼みだったことが分かった。リサーチャーは、日本のテレビ制作の場合、企画の下調べ、出演者探しなどディレクターのアシスタント作業となることが多い。番組では昼はＯＬとしていたが、昼に仕事をしていたのか根拠がいささか弱かった。その後、本人が勤めていた広告代理店が横浜に実在していて、働いていた過去もあるところまで分かった。私も現地まで出向いた。全く根も葉もない話ではない、かといって強気で抗議するという中身でもない。

日枝さんからは、「ドキュメンタリーがどういうものか知っているのか。裏付けを含めて局側の人間がしっかり把握しないで信頼を失ったら、これまでやってきたことが全部崩れるよ」とズバリ言われた。その通りだった。

　この問題で過去の放送もすべて洗い直した。女子大生が学費のために風俗業界で働いていることを描いた「エリート風俗嬢の憂鬱」では、ディレクターが登場する女子大生の学生証のコピーまでもらっていた。詳しく話を聞くと、しっかり信頼関係を築いた上での取材であることが分かった。

　中村淳彦さんの著書『東京貧困女子。』が、少し前に話題になったが、「学費が払えず風俗に」は20年前にもいたということ。このコロナ禍でさらに増えつつあるだろう。暗澹《あんたん》たる思いになる。

　ノンフィクション、ドキュメンタリーの世界では、時たま、放送後に出演者が事実と違うことを描かれたと告発するケースがある。なぜこういった問題は起きてしまうのか。それは、正直に言ってしまえば、そもそも、事実をありのままに伝えることは不可能だからだ。ディレクターがありのままと言っても、取材対象の選択、撮影場所の選定、インタビューのテーマ設定、撮影のタイミング、すべてにディレクターの判断がある。長時間にわたり記録した映像のどこを使うか、編集にも個人的な恣意が働き、ナレーションも加えられ、感情移入を誘う音楽や効果音まで。客観性を保持しようと努めても、そこにはディレクター個人の思考、プロデューサーの思惑、計算など、複合的な「主観」から逃れられない構造がある。

ノンフィクション、ドキュメンタリーといえども、極言すればそのディレクターが〝整理〟した〝事実〟に過ぎないのだ。番組のエンドロールに「演出〇〇〇〇」と流れるのを見て、ノンフィクションなのになぜ？　と違和感を覚える方も多いと思うが、個人がその責任において作ったものです、というお断りなのだ。

『ザ・ノンフィクション』は２０２０年に25年目を迎え、現在のプロデューサーで５代目。日曜の午後２時枠は、そこを獲りたいと考える関係者が、局内にも外の有力プロダクションにもたくさんいる。常に狙われている枠なのだ。疑惑が勃発した時も、ひとりの編成の思惑で打ち切りの噂が流された。その後、今の40代のプロデューサー陣の代になって、ニューヨーク・フェスティバルなど、世界的なテレビドキュメンタリー賞を多数獲得、国内外のコンペで受賞の常連になっている。日曜の午後２時という時間帯で、そこそこどころか、安定した数字もとっている。短命に終わった『バスターズ』とは正反対で、私はきっかけを作らせてもらっただけだが、今も新聞のテレビ欄でタイトルを見ていると、孫の顔を見ているような気がする。

欲を言えば、もう少しジャーナリスティックなテーマにも、取り組んで欲しいが、まあ

〝終わった人〟の繰り言だ。

謝罪の流儀

中途半端な謝罪は無意味

　プロデューサーもディレクターも、失敗もあれば重大な過《あやま》ちも犯す。どの仕事もそうだと思うが、その時にどう謝罪するのか、どう事態を収拾するのか。若い頃の体験で今も鮮明に覚えていることがある。

『ナイスデイ』で月曜日のチーフディレクターを担当していた当時、東京、新宿の台湾パブを舞台に覚せい剤事件があった。知人を介して台湾パブを探し、再現映像の撮影をさせてもらうことになった。店側からは「絶対にこの店だって分からないようにしてください」と、当然ながら釘を刺された。編集の際、モザイクをしっかりかけて色味まで変えたが、放送が終わってすぐに、店のオーナーから烈火のごとき怒りの電話が来た。「客から、覚せい剤はお前の店なのか！　と何人も問い合わせてきた。話が違うじゃないか！」と。すぐにご自宅までお詫びに行ったが、先方は「あんたみたいな若い人じゃ話にならない。責任者がこちらに来て謝罪文を書け」と強硬に言う。埒《らち》が明かなかったので、プロデューサーの宇留田俊夫さんに報告し、翌日、ふたりで向かった。

　オーナーは「謝罪文を書きなさい!!　その謝罪文は額に入れて店に飾る。そうでないとうちの名誉が傷ついたままだ」と興奮してまくし立てる。まいったなあ、宇留田さんはどう対応するのだろうと思っていたら、間髪を入れず「分かりました。謝罪文を書きます。私どもが誤解を招く原因を作ったので、やむを得ません」と言い切ったのだ。肩書き、署名入りの謝罪文をすぐさま書き、渡した。先方はそのきっぱりとした態度に、気持ちが少し落ち着いたのだろう。その謝罪文を店に掲げることはなかった。

　謝罪は中途半端にやっても先方の怒りを買うだけ。謝罪に出向いても、帰社して上司に報告したらどうなるか、また、事前に弁護士の助言を受け、訴訟になる可能性まで視野に入れ、録音されている可能性を考え、言質《げんち》を取られないようにしようと、ビビってしまう。言葉を慎重に選ぶから、どうしても半端な謝罪になる。しかし、どう考えてもこちらに非があると判断した時は、自己保身に走る前に、相手の怒り、悲しみの重さを自分は、会社は体感できているかどうか、まず問うべきかもしれない。

はしご謝罪の1日

95年1月17日に発生した阪神・淡路大震災。

私の指揮するチームが、神戸で生き埋めになっていた79歳の老人が１０５時間ぶりに救出される、〝奇跡の生還〟を撮った。あの大惨事だったから東京からも全局、報道、情報番組のスタッフが多数現地入りし、広大な地域で取材活動をしていた。その映像を地震発生から5日後、私たちが担当した特番で放送すると、系列局の関西テレビから編成局に、強烈なクレームが入った。「フジテレビはスクープ映像をうちに何の連絡もしないまま、素材を東京にこっそり持ち帰って放送した。今後関テレはフジに一切協力しないし、報道、ワイドショーの現地取材もお断りする」と。

現場に聞き取りをすると、「〝奇跡の生還〟といっても、既に四つも五つも救出劇が放送されていたし、他局も同じ現場にいたのでスクープ映像を撮ったという気持ちは全くなかった。普通の感覚で持ち帰って放送しただけで意図的ではない。とんでもない言いがかり、濡れ衣《ぎぬ》だ」と、こちらも怒っている。編成から、埒が明かないので大阪に行って直接、説明して欲しいと要請され、しょうがないなと向かった。関テレでは、報道局長が待ち構えていた。大勢が聞き耳を立てている大部屋の中で、2時間近く釈明、弁解した。話をしているうちに、どうやら在阪局の中で、関テレだけがその映像を特オチしていたことが分かった。口惜しまぎれにこっちに当たるなよ、とハッキリ言って釈然としなかったが、ワイドショーだけならまだしも、フジの報道にまで迷惑をかけたら大変なことになる。「以後、こういうことがないように、徹底して注意します」と言わざるを得ず、ようやく解放された。

やれやれと関テレの編成局に立ち寄ると、今度はフジの総務局幹部から、電話が入っているという。

神戸の長田区にある小学校で、右翼が街宣車を連ねて炊き出しをやっていた。ドキュメンタリー班のディレクターが「右翼が炊き出しをやっているのは面白いから撮らせてほしい」と声をかけた。それに対し、炊き出し部隊の面々が「面白いとは何事じゃ！」と激昂、「東京のフジテレビに街宣車で押し寄せるぞ」と抗議の電話を入れてきた、とのことだった。

関テレが仕立ててくれたタクシーで4～5時間かけて現場に着くと、小学校を取り囲むように、街宣車が20台近く並んでいる。「フジテレビですが、今回ディレクターが大変失礼なことを申し上げまして、お詫びに参りました」と挨拶すると、ゾロゾロと乱闘服の面々が集まってくる。「なんちゅう了見や！」「どういう神経じゃ！」、あちこちから大声で悪罵を投げつけられた。

皆さん、風呂も入らず、被災者のためにご飯を炊いて頑張っているという。これは、完全にアウト。きっぱり本気で謝るよりしようがない。「心から申し訳ないと思っています。皆さんにお詫びしてまいります」と頭を下げた。「じゃあ、そこから行け」と怒鳴られ、先頭の街宣車を示される。ズラリと並んだ街宣車に１台ずつ乗り込み、謝罪しろということだった。１台目の街宣車でお詫びすること30〜40分。２台目の謝罪もそう簡単には終わらない。これは１日がかりだなと腹をくくった。

４台目。ここは武闘派で知られる長崎の右翼団体。必死に謝っていると、ひとりの人物が現れた。大物の風格漂うその人が、「フジテレビさんもすぐに責任者、偉い人をよこして、こうして真面目に謝っているんだから、この辺で勘弁してやったらどうや」と。

救われる思いだった。街宣車の〝はしご謝罪〟はここで終わった。

名刺交換をしたその人は、〝ポスト中曾根〟を目指す竹下登さんを「ほめ殺し」で悩ませた、日本皇民党総裁の大島竜珉さんだった。

〝自浄力〟の発揮

98年、大蔵省の接待汚職事件で日本は大騒ぎになった。これは、銀行の大蔵省担当、ＭＯＦ担（モフタン）の人々が、向島の料亭や〝ノーパンしゃぶしゃぶ〟なる店で、大蔵省の官僚を接待漬けにしたというもの。最終的に、大蔵大臣、事務次官、局長級と、何人も辞任した。

土曜朝の情報番組『ＴＨＥ　ＷＥＥＫ』も、疑惑としてこの一件を取り上げた。

オンエア当日、ゴルフ場にいた私のもとに総務担当の役員から電話が入った。「日本興業銀行が今朝の番組のことで激怒している。興銀広報から、あり得ないことで誹謗中傷されたと強い抗議だ。すぐに直接連絡してくれ」と。電話を入れると、「当行行員がそのような接待をしていると放送されたが、裏付けはあるのでしょうか。全く虚偽の内容なので、訂正ではなく謝罪放送など、速やかに対応していただけなければ、然るべき措置をとります」と言う。

社に戻り、現場に詳しく確認をとってみると、週刊誌の匿名報道をもとに裏付けもとらぬまま、いかにもリアリティーがあるかのごとく放送していた。興銀の誰かも特定せず、大蔵官僚の誰が接待を受けたのかを把握できていないにも拘わらず、週刊誌報道をもとに再現映像まで流していた。弁解のしようもない内容だった。とにかくお会いしてまずお詫びしたいと興銀側に伝えたが、「明日、日曜日、私どもが伺います」と頑なに拒否された。

日曜朝、お台場のフジテレビで私とプロデューサー２名でお迎えすると、先方は５人でお越しになり、名刺交換をすると、ふたりは弁護士だった。謝罪放送する方向でお話ししてその日は終わったが、誇り高き天下の日本興業銀行。１００％こちらに非があると担当役員に報告すると、社長の日枝さんにすぐに伝わった。日枝さんは私から直接事情を聞き取り、月曜朝一で興銀に出向き、当時の頭取、西村正雄さんに、詫びを入れてくれた。

これら一連の出来事を通して、こちらに非があれば謝る時はいずれも逃げずに事実を認め、迅速にきっぱりと謝罪することが大切だとつくづく感じた。相手の痛みを感じ取れなければ、信頼関係は築けない。自己保身に走ると、相手からは、会社全体が〝自己保身共同体〟のように見えてしまう。傷を負わせた時に、型通りの謝罪で済むなら楽なことだ。ヤクザや暴力団の世界では責任をとるために、指を詰めることがある。文字通り身をもって責任をとる、痛い思いをしてやるわけだ。一般人、堅気の世界ではあり得ないが、こちらの思惑、間違いや失敗で相手に相当の痛みを与えたなら、身を切るほどの〝自浄力〟を発揮すべきではないだろうか。

放送をめぐって人権侵害など、何か起きるたびに、今も気持ちがざわつく。

番組を作る原点

96年のある日、『週刊フジテレビ批評』に、制作プロダクション才《さい》のプロデューサーが出ていた。ドキュメンタリー『ゆっぴいのばんそうこう』を手がけた明吉加代子さんだ。重い障害を持って生まれてきた息子、優斗くんと生きるタレント石井めぐみさんとご主人の５年間の記録だった。金曜日のゴールデンタイムで放送されたこのドキュメンタリーは23・7％

の高視聴率をとり、その後続編が２本制作される。

明吉さんは早朝の画面の中で、「感動しました、ありがとう、という手紙を随分いただきましたが、こちらのほうこそ、見ていただきありがとうございましたという気持ちでいっぱいです」と。

　このドキュメンタリーが放送されるまでには様々な苦労があった。

初めは、制作会社のディレクターである石井さんのご主人が、喜びいっぱいの記録のつもりで誕生の瞬間から優斗くんを８ミリビデオで撮り出した。ところが生まれながらの重い脳障害であることが分かる。困難を背負ってめげずに生きようとする家族の記録に変わった。ご主人は２年間その様子をビデオで撮り続け、明吉さんはそれを引き継いで、この家族の物語、障害とどう向き合うかを番組にして世に問おうとした。

　３年余りの取材になったが、石井さんの家族が希望と絶望を繰り返す間、放送枠もなかなか決まらなかった。「暗い」「地味」「重い」という理由から、局側の正式な決定が出ないまま、時間が過ぎていく。その間、明吉さんの心も揺れ動いた。小さな制作プロダクションの代表である彼女は、当然、その間の制作資金を工面しなければならない。放送が決まり、放送されなければ、局から制作費は出ないのだ。

　ドキュメンタリーを民放のゴールデンタイムで放送するのは、至難である。高い視聴率が見込めないからだ。なんといってもドラマとバラエティの世界。しかし、明吉さんと、編成部の若手、齋藤秋水（現岩手めんこいテレビ社長）、ドキュメンタリー班の横山隆晴（現近畿大学教授）はあきらめなかった。見切り発車の恐怖の中、水面下で動き回り、仮のナレーションを入れた2時間のデモテープ（試作品）を作った。明石家さんまさんが、石井さんと『オレたちひょうきん族』で縁があり、ノーギャラでナレーションを引き受けてくれた。

放送日が決まった日、明吉さんは「決まりました」とわざわざ伝えに来てくれた。その目が潤《うる》んでいた。

3年の粘りだった。どの業界でも3年、いやそれ以上に頑張り続けている人はざらにいるだろう。テレビ業界では3年でもすごい、が現実である。いつの間にか、テレビの世界はひとつ当たると「難病もの、なんかネタない？」というノリになってしまった。明吉さんの「見ていただいてありがとう」に込められた作り手の万感の思い。この言葉がヒタヒタと、私の胸を豊かに和ませてくれた。

第5章

脱ワイドショー

97年春、フジテレビは新宿河田町の社屋からお台場へと引っ越した。河田町時代は人口密度が極めて高く、局内はいつも人いきれでムッとするほど。爆発の臨界点スレスレ辺りの濃密な人間関係が、毎日渦巻いていた。

今ではお台場のシンボルにもなったフジテレビの社屋だが、ふたつのタワーから成り、6本の空中回廊で結ばれている。地上から見上げると巨大な球体が空を覆っている。

私は引っ越し半年前の夏に、編成局次長として10年ぶりにワイドショーの現場に戻っていた。当時、ワイドショーに対する風当たりは強かった。雑誌で「ワイドショーは悪なのか!?」と特集が組まれるほどで、親しい友人は「お前も大変なことになったね」と本気で同情してくれ、「地雷原を歩くようなもんだから、ホントに気をつけなよ」と真顔で心配してくれる先輩もいた。なぜここまで世の中は〝アンチワイドショー〟になってしまったのか。第1章でもつづったロス疑惑以降、その動きはあったが、大きく加速したのは、89年のＴＢＳビデオ問題だった。ＴＢＳのワイドショー番組のスタッフが、弁護士、坂本堤さんがオウム真理教を批判するインタビュー映像を放送前にオウム幹部に見せたことで、坂本さん一家が殺害された事件。ＴＢＳはこの事件を重く受け止め、社長が辞任し、社員２人を解雇した。そして96年には朝、午後帯ともにワイドショーから撤退し、生活情報に徹した朝のベルト番組『はなまるマーケット』をスタート、視聴率は最初から好調だった。

私は視聴者が多様化していることを感じながら、たかがワイドショーに何ができるか、どう生き抜いていくのか、肩に力が入っていた。

ビッグトゥデイ

継続は力なり

当時、フジは朝8時からの『ナイスデイ』と、14時〜16時の『ビッグトゥデイ』の二段構えだった。新聞のラテ欄では、インパクト勝負の惹句《じゃっく》が氾濫していた。例えば、温泉ホテルで宿泊していた看護師さんが殺された事件なら、「27歳全裸看護婦湯けむり殺人・空白の55分」といったところだ。2時間ワイドのドラマじゃあるまいし。番組表で使われる語句をカウントしたら、一番多いのが「!」、次が「超」、続いて「激」。誇張表現と言われても仕方のない語句であふれていた。許しを得て撮影しているのに「潜入」だったり、データ不足でも「徹底検証」、大した内容もないのに「激白」、目が潤んだだけで「感涙」だ。統括する立場としては、見過ごせない現実だった。

しかし、ネガティブなことばかりでもなかった。97年にかけて継続的に報道された、厚生省（当時）事務次官の特別養護老人ホームをめぐる汚職事件を、『ビッグトゥデイ』で粘り強く追いかけたことがある。新聞の後追いが多かったが〝継続は力なり〟。２週間にわたり必死に取材、放送し続けてきたことで、視聴者からの意見や情報提供が飛躍的に増えていったのだ。ＦＡＸだけでも毎日50通以上来た。字がたっぷり詰まったものが目立つ。普通の人人、言い換えればまともに働き、その日その日を精一杯生きている人々からの、本気の「怒りの声」だった。大半は主婦からだが、関連した役所や会社に勤めている女性からの内部告発や、中学３年生から番組への励ましのメッセージまで届いた。

何より、番組スタッフが官僚に「本気の怒り」を抱いたことが強かった。現場のスタッフには「毎日やる必要があるのか?」と言う者もいたが、みるみる少数になった。

集中キャンペーンは、放送時間がたっぷりあるワイドショーの鉱脈ではないかと感じていた。

決戦の舞台はお台場へ

97年の仕事始めは、1月2日の朝。朝7時半からの2時間枠で『今年もよろしくワイドショー！　福袋スペシャル』のオンエア。裏はお正月のお化け番組『箱根駅伝』だ。年末年始はいつにも増してバラエティ番組が多く、その反動もあって若者たちの〝箱根生ドラマ〟は圧倒的に強い。

視聴率の面ではおよそ相手にもならないが、正月にワイドショーがスペシャルとして放送されたことはない。この番組の目玉に、前年にレコード大賞を受賞した安室奈美恵さんの出演が決まっていた。彼女が「歌いぞめ」をしてくれるのだ。有り難いことだった。

特設ステージが設けられたお台場は明け方、季節外れの台風並みに風が激しかったが、安室さんはその強風の中、4時半にはリハーサルをし、大晦日のNHKからこの朝にかけてほとんど寝る間もなく仕事していた。スタッフは、その頑張りに多くを学んだはずだ。

二子山部屋の初稽古、ハワイの芸能人、デパートの福袋の中身、北海道から九州からのアイドルたちのミニライブなど、ワイドショーらしいてんこ盛り状態の2時間だった。

フジテレビは、この年の3月に新宿区河田町からお台場こと、臨海副都心に引っ越しをする。この地で前年に予定されていた世界都市博が中止となり、進出予定の大企業が軒並みに撤退し、見渡してもペンペン草だらけの荒涼たる埋め立て地だった。今の隆盛は誰も予想しない、私もその一人だった。

情報企画局　局長

引っ越しもやっと少し落ち着いた6月末に、日枝さんから内示を受ける。新設された情報企画局の局長だった。ワイドショー、情報番組にプラスしてドキュメンタリーを統括する組織で、スタッフ２００人を超える大部隊。私は編成出身の日枝さんのもとで部下として一度も仕事はしたことがなく、なぜ私を選んだのだろうと考えた。前年の秋から読売新聞の夕刊でコラム『テレビ人の週間日記』を隔週で6か月ほど書いており、情報系の番組がどうあるべきか、ドキュメンタリーの現場、制作プロダクションとの関係など持論を展開したことに興味を持ってくれたのかもしれない。

私はこの立場となり、番組の直接責任を持つのはプロデューサーだが、枠全体を含めて、ジャンルそのものの方向性をどう定めるかが、自分の責任だと考えた。

朝の時間帯の主な視聴者は主婦で、主に取り扱うネタは芸能人のゴシップ、スキャンダル、心中、そして猟奇殺人事件など。スタッフはいつも女性週刊誌やスポーツ紙からネタを引っ張っていた。『ナイスデイ』の現場時代から、この路線に異を唱え、様々なチャレンジをしていたので、局長になる前から、取り上げるネタ、テーマについてもひんぱんに口を出していた。明け方の4時、5時に朝刊やニュースで知ったことを「まさかこれは外してないよな？」と局次長に確認の電話を入れる。毎週何度もするわけだから嫌がられていたと思う。例えばお隣の韓国、全斗煥大統領に退任後、不正蓄財で死刑判決がくだされた時のことだ。さすがに取り上げるだろうと思って確認したら、スルーしていた。既に、韓国に行く日本人観光客が随分増えていた時期だ。芸能人の不倫騒ぎやら、まあどうでもいい事件よりも、伝える価値があるものを取り上げよう！　とさんざん尻を叩いたが、現場がついてこないのが実状だった。

とくダネ！

タイトルの攻防

99年、国内では携帯電話が飛躍的に普及し、渋谷ではガングロ、ヤマンバが目を引き、世界ではEUがユーロを導入。フジテレビではドラマ『救命病棟24時』が大ヒットしていた。

その夜、私は『ナイスデイ』時代の先輩プロデューサーで、編成局長になっていた北林さんと酒をくみ交わしながら、これからのワイドショーについて議論を交わしていた。

番組の中身、方向性は、プロデューサーの資質、人柄、理念次第で決まる。私には意中の男がいた。

酒席の途中、北林さんがおもむろに「やるよ」と言った。「西渕を渡すよ」と続けた。西渕憲司（現フジテレビ取締役）は報道出身で、当時編成でドラマを担当していた。かつて特番『もうひとつの真珠湾』で起用したこともあり、北林さんも私もセンス、スタッフワーク、情熱、集中力を高く評価していた。その西渕君を編成から私にくれるというのだ。

朝の8時台は、日テレが『ルックルックこんにちは』で断トツの勢い。このゾーンで負けて午後の時間まで響いているので、編成局長としてはなけなしの玉を出してきたわけだ。局内で大っぴらにできないので、西渕君とは新橋の居酒屋の隅で何度となく話し込んだ。見解の相違で幾度も揉めた。そして、その年の4月にスタートしたのが『とくダネ！』である。

「とくダネ！」のタイトルは西渕君がつけてきたのだが、局内には「スキャンダラスなものを追っかけるような連想をされるから、いかがなものかと思う。下品だ」との声も多くあった。番組審議会でも、委員のひとりが「『特ダネ』という言葉は大衆におもねるような、イギリスのタブロイド紙のようなものを感じて、危惧《きぐ》している」と発言。終わった後、編成担当役員が、「ネッ、みんなそう思っているんだよ」とニヤリ。報道と情報を担当していた役員も、タイトルを大書した企画書を読んでいるのに、援護射撃どころか、『小川宏ショー』から始まり『ナイスデイ』の流れを継ぐタイトルとは思えない。午後帯のワイドショーのタイトルかと思っていた」と。

私と西渕君は粘った。押し返した。『とくダネ！』のロゴの上に小さめの文字で「情報プレゼンター」と足して、反対派の面子を立て、突破した。

「家庭の主婦」に負けていた!?

『とくダネ！』を始めるにあたり、私は「脱ワイドショー」のスローガンを掲げた。ワイドショーの主たるターゲットは「家庭の主婦」である。その「家庭の主婦」は、政治、経済、社会問題についても、ワイドショースタッフより余程詳しく知っていると考えていた。その頃、多くのサラリーマンは、朝、読みかけの日経新聞を通勤電車に持ち込み、会社で読み終わった日経新聞を自宅に持ち帰る。妻は元をとるために隅々まで、最終面の「私の履歴書」まで読んでから捨てると聞いていたからだ。

スタッフにはまず、普段から一般紙を読むように仕向けた。自分たちのほうがものを知らないのだ、と自覚させたかった。「ワイドショー」はスタッフだけでなく、局内のあらゆる会議、営業との打ち合わせの際にも禁止用語として使わせなかった。日枝さんにもだ。我々の旗印は「脱ワイドショー」であると。

『とくダネ！』の司会者は、西渕君がどうしてもキャスティングしたいと決めた小倉智昭さん。ほとんどのワイドショーはＶＴＲをメインとする構成だったが、西渕君はスタジオの時間をたっぷりとって、小倉さんの個性を活かし、ゲストコメンテーターと盛り上げる演出に勝負をかけた。

新鮮なコメンテーターも積極的に起用した。「こんな人が出ているの⁉」と男性視聴者が驚くような存在感のある人も、『とくダネ！』のウリになっていった。批評家・江藤淳さんの弟子筋でもある文芸評論家の福田和也さん。現在はネットを中心に活躍しているリベラル派ジャーナリストの岩上安身さん。『ニューズウィーク日本版』の当時の編集長、竹田圭吾さんも初めてテレビに出た。竹田さんはその後、コメンテーターとして売れっ子になったが、すい臓癌で16年、壮絶死だった。初めてのスタジオ出演の後、私が「まずは結論から」と助言すると、「次は、そうしてみます」と、穏やかに微笑む人だった。

真向勝負！

『とくダネ！』が始まった年は、浅香光代さんと野村沙知代さんの間で起きた〝ミッチーvsサッチー〟騒動に明け暮れた。しかし、視聴者が皆見たがるキャッチーで派手なものでも引き際を誤ると、「いつまでやっているんだ！　もっと大事なことがあるだろう！」と、バッシングが起きる。ついさっきまで楽しんでいた視聴者、批評家までもが批判の大合唱だ。

現場は数字がよければそのままやりたい。視聴率がとれるのに格好つけるなとブーイングの声もあったが、『とくダネ!』は半年くらいでこの騒ぎから離脱した。番組の品格、とまでは言わないが、撤退する判断も時には必要だ。他に取り上げるべきことはいくらでもある。しばらくして、強烈なワイドショーバッシングが始まったが、『とくダネ!』は澄ました顔ができた。


当時、医療過誤、医療ミスによる事件が頻発していた。毎日新聞がスクープを連発、しばしば一面を飾った。連日、どの地域の病院でどんな患者がどういうミスで亡くなったか、匿名報道だが、リアリティーに富む詳報の連続だった。こちらは追おうにも手も足も出ない。

フジの報道もほとんど伝えていなかった。どうにかならないかと、毎日新聞の朝比奈豊さん（現毎日新聞相談役）を頼った。彼とは以前、石原プロの恒例行事、熱海大忘年会でお会いして以来の知り合いだった。

編集幹部だった朝比奈さんに、「医療過誤はテレビでもきっちり伝えていくべきテーマだと思っています。ところがウチは取材が甘く情報源に迫れていない。先日の一面スクープ記事の病院名と患者を教えてもらえませんか?」と臆面もなく直接頼み込んだ。

一連のスクープは毎日が独占していた。メディアとしての系列も違うから、まあ、無理だろうとは思っていた。ところが、朝比奈さんは「プライバシーに関わる問題だから、慎重に取材して欲しいが、協力しますよ」と言ってくれたのだ。テレビに後追いされることで、事の重大性をもっと広げたい、そう判断したのだ。その後、今で言うコラボレーションが盛り上がり、『とくダネ！』のチームと毎日新聞社会部の医療班が新橋の居酒屋で暑気払いまでした。

西渕君とは医療に限らず、国や社会が抱える重要な課題がたくさんあるので、テーマを決めてシリーズ的に放送できないかとよく話していた。とはいえ、みんな日常に追いまくられているので、局長の方針といってもそう簡単には動かない。そこで彼と話をつけて、ディレクターをひとり、私が預かった。やる気満々の元通産省キャリア、時澤正君は、医療問題をテーマに１か月徹底的にリサーチし、５曜日分の企画を持ってきた。医療ミスはなぜ起きるのか、医療裁判の難しさ、研修医の実態、いい病院の条件、最先端医療など。ブレーンも見つけてきた。

すぐに西渕君と各曜日チーフディレクターの前で、プレゼンテーションする機会を設けた。みんな半信半疑で集まったのだが、中身はズッシリ、熱っぽい説明に「やってみよう」と。放送してみると、毎分視聴率は月曜からそのブロックだけ異様に高く、視聴者の関心の高さを証明した。鉱脈を発見したのだ。

西渕君はその後、教育や環境問題をテーマにシリーズ特集を展開し、ゴールデンタイムにも進出していった。「脱ワイドショー」の掛け声がリアルに浸透していった結果だった。『とくダネ！』は小倉さんのキャスターとしての度胸、豊かな人脈作りもあって、『ルックルック』の視聴率を2年足らずで追い抜いた。その後、１７０か月連続のぶっちぎり1位。他局のワイドショーも本格的に時事ネタを取り扱う傾向が強まっていった。

さすがに寿命が尽きたのか、この3月末で終了したが、ワイドショーのディレクターも同一テーマで取材経験を重ねれば、人脈が広がり、信頼関係、知見も深まる。得意技を持つディレクターが増えれば番組も強くなることが実証されていった。

小川宏ショー

ある武闘派プロデューサー

『とくダネ！』の時間帯をさかのぼると、65年から17年間続いた『小川宏ショー』に行き当たる。その後を『おはよう！ナイスデイ』が17年間引き継ぎ、『とくダネ！』へとつながった。

『小川宏ショー』は、かつてＮＨＫの伝説の番組と言われたバラエティ番組『ジェスチャー』の司会で日本全国に顔が知られていた小川宏さんをフジが引き抜き、小川さんの名前を冠にしてスタートした。「初恋談義」や「ご存知ですかこの人を」など、いくつもの人気コーナーがあり、スタジオに大物スターから無名人まで招くサロンショーのような構成がメインだった。

この番組が終了する1年前、プロデューサーが交替した。新任の宇留田俊夫さんは、ドキュメンタリー班で特番『ルーブル美術館』を制作し、内外で高い評価を得たばかりの人物で、ドラマ畑出身、ワイドショーには縁もゆかりもない。

私は入社したての頃、1年ほど『小川宏ショー』でＡＤを経験。大阪の営業局関西支社から戻ると、第二制作部で旅番組のディレクターをしていたが、ある日、宇留田さんに呼び出され、「今度、『小川宏ショー』のプロデューサーをやることになった。君も連れていくから、よろしくね」と突然告げられる。宇留田さんの顔は知っていたが、特に話したこともなく、私以外にも同年代ディレクター4~5人を連れて、『小川宏ショー』へ乗り込むという。

小川さんの親衛隊で固めたような番組に、ワイドショーキャリアのないプロデューサーと新兵たちが落下傘で降下した。各曜日のチーフは歴戦の40~50代だったが、宇留田さんは30

代前半の私をチーフにして、その曜日を直轄地にした。

そして、宇留田プロデューサーは小川さんにケンカを売った。「佐木隆三がつくる90分」と「伊丹十三がつくる90分」。

宇留田さんはおふたりに、「月に1回、朝の90分を渡すので、自分の一番興味、関心のあること、やりたいことをどうぞ自由にやってください」とお願いしていたのだ。2本とも、私の曜日になった。

佐木隆三さんは『復讐するは我にあり』の直木賞作家。伊丹さんはベストセラー『女たちよ！』の著者で、エッセイストとしても、俳優としても一級品だった。佐木さんは私たちと、九州の替え玉殺人事件、〝売春島〟と呼ばれた三重県の島をルポ。ギトギトした人間臭いテーマが多かった。伊丹さんは日本人留学生のパリ人肉事件や、交通事故発生時のファーストエイドなどタイムリーなテーマが好きだった。伊丹さんが、その頃評判だった『ものぐさ精神分析』の著者、岸田秀さんと組んで日本の社会、家族、文化、事件を分析する雑誌『モノンクル』を責任編集していた時期だ。

伊丹さんとの打ち合わせは、広いリビングに一枚板の巨大なテーブルが置かれた麻布狸穴《まみあな》の仕事場で行われた。伊丹さんは「お待たせ」と僕らの待つリビングに現れて、冷蔵庫から一升瓶を取り出し、テーブルの真ん中にドンと置き、「さあ、始めようか」と。そうした仕草が様になる、長身の人だった。

　ふたりが登場する朝は、小川さんは番組の冒頭に一言二言、簡単に挨拶しただけで〝主役〟に引き継ぎ、副調整室に引っ込む。ヘビースモーカーの小川さんは放送中、ディレクター席の私の後ろでモニターを見ながら、しばしば「う〜ん」と唸りつつ煙草をスパスパ、イライラ。この企画は『小川宏ショー』というより小川さんを否定しているわけだ。ここまでやるか、だ。

　1年後、番組は終了して、宇留田プロデューサーの『おはよう！ナイスデイ』が始まる。

めざましテレビ

快進撃！

　朝5時台から始まる『めざましテレビ』にも、潮目を変えたプロデューサーがいた。

　94年4月に報道センターの仕切りで始まった『めざましテレビ』。室長の北林さんがキャスター選びに悩んでいた頃、『なるほど！・ザ・ワールド』プロデューサー、王東順さんの紹介でＮＨＫのスポーツ中継などで活躍していた大塚範一さんを引き抜いた。

早朝帯は、フジテレビにとってずっと不毛地帯だった。『めざまし』の前に、『笑っていいとも！』『オレたちひょうきん族』でフジを三冠王に導いた大物プロデューサー、横澤彪さんが起用されたこともあった。冒頭、車だん吉さんなどの年寄り世代が、河田町時代のフジテレビ構内にあった巨大なオブジェがある辺りで、ラジオ体操。いささか、寒かった。高齢化時代を先取りした番組だったが、不発。

私自身も90年1月から情報番組『朝だ！どうなる？』で挑戦した。政界進出前の高市早苗さん（前総務大臣）、女優の石井苗子さん（現参議院議員）、文化放送アナウンサー、小俣雅子さんの女性３人キャスターで、コメンテーターは日替わり。今や、総理候補のひとり、外務大臣の茂木敏充さんも、コンサルティング会社マッキンゼー・アンド・カンパニーのコンサルとして出演。ビジネス、経済の最前線をコメントしてもらった。時事的なテーマを中心に生放送で１時間。朝からの硬派は、半年であえなく敗退。

その後、『めざましテレビ』がスタートして粘り始めたが、日本テレビの『ズームイン!!朝！』にどうしても勝てないでいた。

01年、私のもとへ、報道局の『報道２００１』のプロデューサー、鈴木克明君（現テレビ西日本社長）がやって来た。彼から意外な申し出をされる。

「太田さん、今『めざまし』がうまくいきかけていますが、もうひと押し。今のままだとどうしても1位になれません。私を情報局に引き取ってくれませんか」と。

自分にやらせろと言いに来たのだ。つきあいはほとんどなかった。『報道２００１』を任されていて、何でまた『めざまし』をやりたいのか不思議な気もしたが、彼は『めざまし』の初代プロデューサーだったのだ。報道に話すと、あっけなく放出してくれた。

鈴木君は『めざまし』の総合プロデューサーとなり、チーフプロデューサーを徹底的にしごいた。毎朝、放送終了後、私のデスク前の応接セットで、今朝のオンエアについてとことん厳しい意見、助言をし、意見交換を行う。

ふたりは、年齢層の高い視聴者に支えられていた『ズームイン』との差別化を図るため、エンタメ情報を強化していった。ティーンズから20代のＯＬをターゲットにして、最新の音楽情報を重視、充実。さらに東京のファッション、コスメ、スイーツなどの最新トレンドをこれでもかというほどに取り上げた。『めざまし』は登校前、出社前の女の子たちが気になる、見たくなる情報番組に様変わりしていった。その世代のトレンドを知りたいビジネスマンにとっても、日経新聞では分からないビジュアルな情報収集源となった。

大塚さんとのコンビの女性アナウンサーは初代、八木亜希子さんの後、小島奈津子さん、木佐彩子さん、高島彩さんと続き、番組の成長とともに、いずれもフジの看板女子アナとなっていった。

04年2月、最強番組日本テレビの『ズームイン』をついに追い抜く。番組がスタートして、10年目の朝だった。『ズームイン』が20%、『めざまし』は1〜2%からの戦いだった。『とくダネ！』が既に視聴率1位だったから、『めざまし』が日テレに勝てば、合わせて午前帯で4時間以上のトップになる。フジテレビが再び、三冠王をとれるかもしれない。局中の期待が集まった。

その朝、私は編成に声をかけて、営業、報道、ネットワークの担当などにも連絡、『とくダネ！』の終わった10時半から局内のカフェで、何はともあれお祝いの会を設営した。やっと集めたシャンパンが5、6本。鈴木君が挨拶し、大塚さんも涙をにじませて、スタッフを慰労した。万感去来するものがあったのだろう、言葉は少なかった。お台場の内海の向こうに、日本テレビがいる。集まった誰もが感動して泣き笑いしていた。

報道局は「正規軍」、情報局は「ゲリラ部隊」

『とくダネ！』が〝脱ワイドショー〟を掲げ、政治、経済、社会問題に突っ込んでいったことに、報道局の一部は違和感を持っていた。報道局に比べると、キャリアもなければ人脈もインフラもない情報局が、生放送でデリケートな問題を取り扱うことを危惧していたのだ。

政治や経済ネタで『とくダネ!』スタッフが報道に素材を借りに行くと、露骨に嫌がる部長もいた。

実際、報道はインフラが整っているし、記者クラブにも加盟している。配属されれば、内勤からスタートしてしっかり基礎訓練を受け、クラブに出れば専門ジャンルを持つことで、人脈も自然と広がっていく。さらに、正社員中心に現場は固められ、勤務形態のローテーションもしっかり組まれ、休みも確保されている。「正規軍」である。情報局は「ゲリラ部隊」のようなもので、主力は制作プロダクションや派遣プロダクションのスタッフで、昨日まで居酒屋でバイトしていたような若者もいる。少数の社員との「混成大部隊」だ。

ゲリラに武器を持たせたかった私は局長となってから、「取材と人権」「モザイク使用と匿名報道を検証」「少年法・実名報道と顔写真」「トラブル実例研究」「事件取材のノウハウと基礎知識」など、そもそも基本を学んだことがないスタッフを対象に本気の勉強会を続けた。私が離れた後も継続され、09年までに90回行われている。

私は政治・経済のテーマをワイドショーで扱い始めた頃、報道には、こちらが逆立ちしても敵わないニュース番組を作って欲しいと本気で思っていた。民放のニュース番組は夕方がメインのゾーンで、視聴率戦争そのもの。どの局も夜6時半を挟んで、毎日のようにたっぷり食べ物特集をやっていた。報道には「ワイドショーも偉くなったもんだね」と嫌味を口にする者もいた。私は、「いつまで毎日、食い物をやっているんだ。こっちは恥ずかしくてそんな企画誰も口にしないよ」と。食べ物ネタが悪いのではない。国際放送など、伝える価値のあるニュースがいくらでもあるのに、なぜ工夫して放送にもっていかないのか、横並びでグルメネタを毎日扱っていることにあきれていた。

また、自分が部長になってから、『好奇心』などレギュラー番組では、若手の社員ディレクターを信頼できる制作プロダクションに「出向」させていた。出向という言い方はなかば冗談だが、先方の社長にお願いして３か月から半年くらい預かってもらったのだ。

彼らはその期間、フジテレビには顔を出さず、直接プロダクションに行きともに仕事をして、昼飯をどこで食うか、夜はどこで飲むか、普段のお金の使い方から、制作費に関わる費用の処理、使い方まで局との違いを体感する。プロダクションのスタッフが局員より相当過酷な条件で生きていることを体で実感する。そうした経験を積んでおけば、人脈もできるし、局員としてプロダクションにあれやこれやと注文をつける時も、言葉の使い方ひとつに配慮が出てくる。

制作プロダクションは放送局にとって本質的に最も重要なパートナーなのだ。

ワイドショーのこれから

私が『ナイスデイ』のディレクターだった頃、編成局第三制作部に属していた。第一制作部がドラマ、第二制作部がショー・バラエティ。序列を感じたが、私は「第三」の響きが気に入っていた。開発途上国はかつて「第三世界」とも呼ばれ「これから頑張るぞ」という感があったからだ。その時代に比べ、各局とも情報局系のステイタスは上がったように思えるが、実際はどうだろうか。

朝８時台の視聴率トップを走っているテレビ朝日の『羽鳥慎一モーニングショー』は、巨大なパネルに大きな付箋をありったけ貼りつけて、めくりながらひとつのテーマを丁寧に徹底的に詳しく解説している。あの手法は、７〜８年前までフジで放送されていた『知りたがり！』が開発した手法。うまくブラッシュアップ、アップデートしていて感心する。

取り上げるテーマについては、新型コロナ関連でも顕著だが、各局GoToキャンペーンが始まれば観光業界について、緊急事態宣言が唱えられると政府の対応の遅さなど、じっくり伝えている。一方、渋谷センター街、新橋の居酒屋など、またかの定番お手軽取材も目につく。

ワイドショーの最大の武器は、２時間、３時間のスペース枠だ。どのテーマに時間をどれだけ使うかは、プロデューサーの自由裁量だ。バランスを大事にするのも、一点突破的にメリハリをつけるのも、それぞれの判断。インターネットの時代であるが故に、制作スタッフより扱うテーマについて余程、知識も情報もたっぷりある視聴者が多い。バカにされすぎては番組の生命線に関わる。プロデューサーは時には視聴者ファーストではなく、自分こそが気になるテーマを選び、そこに戦力を投入する覚悟もあっていいのではないか。深掘りには時間とお金がかかる。度胸も必要だ。そのためには、自分の体表面積が広くなくてはならないし、自分が敵わない人々とつきあう必要がある。電話１本で知恵を授けてくれる人を何人でも持つプロデューサーが勝つ。

GoToトラベル、GoToイートなど、そもそも無縁の世界、蚊帳《かや》の外の生活を送っている人々が無数にいるのだ。私なら「絶対貧困」の現実と打開の方策、コロナ禍での老老介護など、分断、分裂、格差の深部を表に出してみたい。老人の繰り言がまた出てしまった。

第6章

ビッグプロジェクト

フジテレビは、従業員数1300人を超える組織だ。総務、人事、編成、制作、事業、広報、報道、営業、技術などから成る。大きなイベントでは、部署を横断してプロジェクトが組まれる。

デジフジ

10億円のビッグイベント

01年3月1日の木曜日から4日の日曜日まで、お台場のフジテレビ社屋を全面的に使い、「デジフジ2001お台場メディアカーニバル」が行われた。

デジタル技術のイノベーションにより、通信の世界でも映像が自由に使えるようになる。圧縮技術の進化により携帯電話が一段と高品質になる中で、放送と通信はデジタル技術を土台にどのように変化していくのか。ブロードバンド、インターネット時代、ゲームも変化、進化していく。放送と通信が連携するのか、融合するのか、そんな近未来を楽しくイベント化してしまおうという趣旨だった。

その話が私のもとにふってわいたのは、前年の12月上旬。日枝さんの後に社長になる、この時、実質ナンバー2の村上光一さんが「ＴＢＳが去年やった『メディアパレード』知っている？」と聞いてきた。テレビやメディアの将来を展望するイベントで、私も興味津々でこのイベントを見ていた。そう答えると、「あっそう」の返事。数日後に、またふらりと現れ「フジテレビもＴＢＳよりもっと面白いものをやってみたい。太田やってちょうだい」と言うのだ。正直、「なんで私が!?」。それが本音だった。

フジテレビは河田町時代から、8月8日を「勝手ながらフジテレビの日」と名づけ、社屋、構内を使ってド派手なお祭りイベントを続けていた。主にバラエティセクションと事業局が組んでのプロデュース。私はどちらかというと、そのお祭りとは離れた場所にいたので、声がかかったのは意外だった。メディアの将来を探るのがテーマだったので、情報系の私を指名したのかもしれない。

既に3月1日開催が決まっていたので、準備期間は2か月程度しかない。イベントのプロが聞いたら、いくらなんでも「そりゃ無理！」となっただろう。しかし、私はそんな単純な日数計算もできないくらいバタバタしていたので、「分かりました」と、いつもの安請け合いをしてしまったのだ。

ハッキリ言って、にわか仕立てのゼネラルプロデューサー。しかも私の手元にいるスタッフは、情報局のディレクターばかりで、イベントのノウハウは誰も持っていない。よくよく考えるまでもなく、すぐにクリスマス、年末年始を挟んで、２月は他の月より３日も少ない。正味２か月しかないのだ。それまでに、どんな企画、出し物にするかをすべてゼロから組み立て、実施するのだから、イベントに習熟していて、なおかつメディアの将来に関心を持っている人間が私のサブにいないと、大変な事態になると慄然《りつぜん》たる思いにとらわれた。

さすがに慌てていると、編成の石川順一君（現ＤＩＮＯＳ ＣＯＲＰＯＲＡＴＩＯＮ社長）が、かつて『なるほど!ザ・ワールド』のプロデューサーをしていて、現在ＣＳ放送にいる加藤友和君が事務局長に最適だと推薦してくれた。本人に会うと「私を使ったほうがいいですよ」とストレートにぶつけてきた。ふたつ返事で「ぜひよろしく!」。プロジェクトが本格稼働した。

時間がない!

その年のフジテレビの期末決算の見通しが余程よかったのだろう。予算の確保に動いた。

ＴＢＳの「メディアパレード」はおそらく６〜７億円と見積もり、大先輩の経営管理局長に相談すると、同じくらいかな、と。私は、ＴＢＳは１～２年はかけてじっくり準備したはず。こちらは時間もない中、走らなければならない。根拠もなく〝特急料金〟で、８億は超えると言い張った。最終的に締めたら、準備期間わずか２か月、正味４日間の費用が10億円を超えていた。20年前のことだが、そんな時代だった。

全社横断プロジェクトなので、全社規模で企画を緊急募集。技術局はもとより、バラエティ番組の有力なプロデューサーからも、続々と企画の持ち込みがあった。

テクノロジー系のイベントは、「展示」という言葉を使う傾向にあるが、私はこの言葉にもともと抵抗があったので、今回のイベントでは〝展示〟は一切使わず、「アトラクション」で統一した。押しつけではなく楽しんでいただく、その気持ちで企画を詰めていった。

それぞれの企画、詰めものに最先端テクノロジーをぶち込むために、日本を代表するＮＴＴドコモ、ソニー、東芝、日立などの技術協力を仰がなくてはならない。連日、早朝から深夜まで会議や打ち合わせを掛け持ちし、それぞれのブースの呼称に至るまで、とてつもない数の最終決断を分刻みにくだしていかなければならなかった。

寝ていても、あれはどうなった、これはどうなった、「Don't Forget」みたいなメモがウワーンと音を立てて頭の中で飛び回っている。食欲まで失い、体重が正味２か月で７キロ落ちた。こんな経験は初めてだった。

事務局メンバーは、情報局をはじめ、事業、営業、秘書室など、30代前半の若手中心に固めた。推薦もあり、自薦もあった。徹夜につぐ徹夜。社内各所の先輩に怒鳴られ、こづかれ、時に日常の仕事で呼び出される。イライラ、ストレス、チームには険悪な雰囲気が漂い、顔色は青白く、風邪で倒れる者も出た。

一方で、日々行われる情報共有会議や主要メンバーが集まるミーティングは、すさまじい熱気だった。私は、ボルテージをさらに上げようと、定員20人くらいの会議室に40人くらいを召集、ドアをあけ放ち、廊下までスチール椅子を並べて会議したこともあった。

お土産に気を抜くな！

日枝さんは多忙で、最終決裁を仰いだり、相談したりできるのはほとんど夜の会食の後だった。２月初めのことだった。「ご招待したお客さんには、どんなお土産を考えている？」と不意に聞かれた。

お土産など考える余裕もなく、フジテレビの記念品や謝礼品を見繕って、詰め合わせにでも、と漠然と思っていた。「それは違う」と日枝さんが言う。「イベントに来てくれたお客さんが『素晴らしいものを見せてくれて、ありがとう！』と思って帰ったとする。お土産にもらった袋から、フジのクリアファイルやボールペンが出てきて喜ぶか？　最後の印象が大事なんだ。それが、おもてなしだ」と言うのだ。

正直なところ、「それどころじゃない。勘弁してくださいよ」といった気分だった。その後いくつか案を出しても、すぐに却下をくらう。頭の隅に〝土産〟がいつもちらつき、煮詰まってしまい、「ヒントください。ヒントを」と降参。日枝さんは「このイベントは、『デジタル』がキーワードになるんだから、それと対照的なのは『和』だ。『和』で考えたらどうだい」と。

それを聞いてパッと思いついたのが、『ワーズワースの庭で』で紹介した、青山にある和食器や和風雑貨を扱う、粋で洒脱な店だった。翌日その店へ飛び込み、ご主人に「後ひと月もないんだけど、土産にもらって喜ぶようなものを、単価の予算千円から2千円で見繕ってもらえないか」と頼み込んだ。ご主人は最初、あまりの日程のなさと発注量に冗談、からかわれているんじゃないかと思ったようだ。「無理、無理ですよ」。より詳しく〝内情〟を説明したら、にわかに本気になってくれて、「例えば『福禄壽《ふくろくじゅ》』のような、縁起のいい文字を入れ込んだ箸置きのセットはいかがでしょうか？」と。ヒントになるようなものをいろいろ見せてくれた。すぐに箸置きに決めた。この短期間で納品するのはギリギリなスケジュールだと言われたが、拝み倒した。お土産袋の中には、特注品として「福」「壽」のセットの箸置きに「おもてなしはこれからです　フジテレビジョン」と書いたしおりを入れた。

4万4000人がフジテレビへ

イベントの前夜、疲労困憊《こんぱい》の状態で会社の隣のホテルにチェックインしたのは、未明に近い時間だった。

当日は朝8時にイベント実動部隊が集まり、私が「ＧＯ」の挨拶をすることになっていた。ところが、部屋で寝酒にウイスキーを何杯か飲んで、バタンキューしてしまったらしい。目覚まし時計のセットをすっかり忘れてしまっていた。目が覚めたら集合時間の5分前。着の身着のまま、出勤途中の社員の間を脱兎のごとく走り抜けていった。息を鎮めながらなんとか挨拶を終えた。当時総務大臣だった片山虎之助さんを日枝さんが案内するところから、ビッグイベント本番が開幕した。

3月1日〜2日は招待日、3日〜4日の土日は無料で一般公開した。

「見て見て見て！これがフジテレビの未来技術」で実際のハイビジョン映像を見せたり、「携帯電話でテレビが3倍楽しくなる」「携帯電話がテレビになる」といった携帯の最先端デモンストレーションがあり、「デジタルリボリューション〜オンライン選挙がニュースを変える〜」「あなたも歌番ディレクター」「リアルタイムＣＧデモンストレーション」、生ドラマ「デジデジファミリー」など多彩な内容だった。今まさにフジはＦＯＤ事業に力を入れ、ＮＥＴＦＬＩＸなどサブスクリプションメディアの時代だが、20年前にオンデマンドで映像が自由に見られる時代がもうすぐそこに来ていると、アトラクション仕立てにして楽しんでいただいた。

さらに、ソニーの出井伸之さん、NTTドコモの立川敬二さん、松下電器の中村邦夫さんをお招きして、「ハイパーセッション」と名づけ、公開スタジオでトークショーを行った。また、私は個人的に、制作プロダクションの将来の在り方を取り上げてみたかった。制作プロダクションがなければ、テレビ業界は成り立たない。当時オランダに拠点のあった制作プロダクション「エンデモル・エンタテインメント」がフォーマットセールスで大成功していた。番組を開発した制作プロダクションがその著作権を持ち、そのフォーマットを世界各国の放送局に売るビジネスだ。制作総責任者、ピーター・バザルジェッティさんを招き、メディアとコンテンツをテーマにキーノートスピーチ（基調講演）をしていただいた。「エンデモル」のビジネスを教えてくれ、イベント参加の段取りをつけてくれたのは、ロス疑惑のロンドン取材で助けてもらったテレサーチの林隆さんだった。

1日〜2日の招待日には1万4000人、3日〜4日は約3万人が来場。合わせて4万4000人が、お台場のフジテレビ社屋に来てくれた。

最終日の夜、社屋18階のレストランを借り切って打ち上げパーティーがあった。おびただしい数の関係者が集まり、シャンパンがポンポンあき、ワインを飲んで、日本酒、またシャンパンの大騒ぎ。いつ家に帰ったか覚えていないほどに、盛り上がった。

安請け合いしたことで昼夜を分かたずとことん追い詰められたが、若い連中がネバーギブアップで、タフに闘ってくれた。見直した。鮮烈な記憶だ。

27時間テレビ

『27時間テレビ』への挑戦

もうひとつ、スペシャル枠では『ＦＮＳ27時間テレビ』が外せない。チャリティーが基本コンセプトの日本テレビ『24時間テレビ』を笑い飛ばそうというフジテレビのりのパロディ精神で、97年の夏にスタートした。以来、バラエティセンターが総結集、年に1度の大仕事、巨大イベントとなっていた。

私は直接には関わっていなかったが、オンエアを見ていて、時折「これはいくら何でもどうかな？」と率直に思うことがあった。例えば〝刷毛水車〟。自動で回る水車に刷毛をセットしておいて、水着を着たタレントの女の子にまたがせて局部を刺激する。よがったり、もだえたりさせる演出で、出演者もスタッフもみんな大笑いしながら周りで楽しんでいる。真夜中の時間帯とはいえ、度が過ぎる。今だったら完全にアウトだが、その時代だって怒る人はいくらでもいた。天真爛漫《らんまん》、まるで〝解放区〟のように盛り上がるスタジオ。フジテレビらしくもあるが、私はさすがに、笑っていいとも、とは思えない気持ちだった。

01年の春、後にフジの社長になる亀山千広君（現ＢＳフジ社長）と小料理屋で話している時だった。編成局長2年目の亀山君に、私は「やっぱりやりすぎじゃないか？」とズバリ言った。その話の流れで私が「やらせろ」と迫ったのか、彼が「やってください」と答えたのか、はっきり覚えていない。しかし、そこでのやりとりがあって、次の年は情報局主導でやることになった。

フジテレビの王道の中の王道、大勢力であるバラエティ軍団の所有物のような『27時間テレビ』を、傍流である情報局のコンセプトでやるなど、およそあり得ない話だった。酒の場での話が、ひょうたんから駒になってしまった。

総合プロデューサーには、『めざましテレビ』を大成功させた鈴木克明君を起用。私のコンセプトは、「時には人のためにみんなで汗を流そう」。日テレが募金の呼び掛けならば、こちらは体を張って社会やコミュニティーの役に立とうという、ベタなコンセプトだ。テーマには鈴木君のアイデアで「みんなのうた」「あの素晴らしい日本をもう一度」のふたつを置いた。

系列ネット各局が「あの美しい川をもう一度」「あの素晴らしい故郷をもう一度」を実践し、フジは「あの綺麗な海岸をもう一度」で、湘南海岸8か所のクリーン大作戦を展開した。系列ネット各局の東京支社長も動員し、一般視聴者にも呼び掛ける。バスやら何やら手配し、私も海岸でゴミを拾い、拾ったガラスや瓶は素晴らしいグラスアートになった。

「みんなのうた」では加山雄三さんのライブイベントや、さだまさしさんの列島縦断夢ライブを敢行。バラエティセンターはもちろんお遊び企画を繰り広げて、大物芸人が泥酔し、弾みのごとくイチモツを露出。〝抗議〟のパフォーマンスだったのだろう。

2年目も「みんなのうた」「汗を流そう」がテーマ。鎌倉の建長寺からのサザンオールスターズのスペシャルライブ「桑田佳祐の音楽寅さん」は『めざまし』との信頼関係で実現した。

視聴率もそこそこ、テーマを持続することで力がついてくると確信していたが、3年目に至るところで、バラエティセクションの反発が強まり、情報局からバラエティへと戻った。その時の総合プロデューサーとは親しかったので、「どういうコンセプトでやるんだ？」とストレートに聞いてみたら、「もちろん、27時間笑って笑って笑ってもらうのがコンセプトで、それ以外ありません！」。いい根性してるなあ、とあきれながら感心したものだ。

鈴木君に当時の感想を聞いてみたら、「バラエティとの初めてのタッグ。何から何まで初めての経験だったので、あまりにも苦しくて（笑）。よく思い出せないんです」。フジを背負ってきた誇り高き強者たちが相手、さぞや苦しかったんだろうと思う。

「時には人のためにみんなで汗を流そう」は、フジテレビらしくなくて、フジテレビっぽくもあり、続いていたら、きっと面白い展開、今の時代にマッチングしていたかもしれないと、私はつい死児の齢を数えてしまう。

プライムニュース

『プライムニュース』誕生秘話

09年4月からＢＳフジで始まった『プライムニュース』は、月曜から金曜まで、夜8時から2時間放送の大型ベルト生報道番組だ。この枠の誕生をめぐっては、至難の記憶、交渉の壁の厚さに喘《あえ》いだ。私はこの立ち上げ時には既に現場を離れていて、フジテレビの親会社であるフジ・メディア・ホールディングスの専務に就き、経営に関わり始めていた。

一方、北林さんはＢＳフジの社長となっていた。北林さんは、97年にフジテレビがお台場に移動した夏に編成局長に就くが、その後、ＢＳフジに出向し、そのまま社長になり、開局

10周年を迎えていた。

北林さんは2年先輩だが報道、第三制作部の頃からよくケンカもしたし、ずっと知恵を出し合い、いわば盟友だった。

ある夜、居酒屋で「何か画期的なことをやらない限り、ＢＳは後発メディア。一人前に扱ってもらえない。何かやりたいんだよなあ」と打ち明けられた。私自身もＢＳフジにもう一伸び二伸びしてもらうことは仕事であり、ずっと考えていた。フジテレビを既に辞めていた営業出身、ロサンゼルス支社長の経験もある石山辰吾君をはじめ、様々な人々に相談を持ちかけた。

たどり着いたのは、「地上波がマネをしようとしても絶対できないこと」。その一点に絞り、ゴールデンタイムでの大型報道番組で勝負をかけるべきと考えた。

民放地上波が月曜～金曜の夜のゴールデンタイムのど真ん中に、２時間の報道番組を置くことはあり得ない。予算があっても視聴率を考えると地上波では編成できない。ＢＳは社長が決断すれば、可能だ。私はこれまで『なんてったって好奇心』『ニュースバスターズ』などでずっと組んできた上野修平君と根を詰めて書き上げた企画書を、北林さんに読ませた。

北林さんの反応は、「ＢＳをなめてないか！」だった。「いくらＢＳでもゴールデンの時間帯は大事なスポンサーがレギュラーでついてるんだ。それを全部撤退させて2時間でやるって、それはいくらなんでもなしだ」と言う。私は「普通考えつかないようなことをやり切らなければBSはずっと目立たないままです」と反駁《はんばく》し、「予算が地上波の10分の1しかなくて、リピート（再放送）や通販番組が多ければなめられる。博打を打ってみましょう！」と。何度か昼夜やりとりを続けているうちに、北林さんの気持ちが変わった。「ここはひとつ、やるか！」。ふたりで走り始めた。

当時、衛星放送局のBSフジには編成局はあったが、報道の実動部隊はなかった。報道系の番組を制作しようとしたら、地上波フジテレビに全面的に依存しなければならない。

当時、フジテレビの報道担当役員は我々と同世代だった。私は親会社の役員でもあるので、交渉の場に直接出る立場ではない。その打ち合わせがあると聞いていた日に、北林さんからカンカンに怒りまくった電話がかかってきた。会って話を聞くと、「あの野郎、こう言うんだよ」と眉を吊り上げての激怒。「素晴らしい。大変挑戦的な企画で結構ですが、報道も今は金もないし、人も足りない。検討はしますがね、検討だけでも2〜3年はかかる」。それが返事だった。私も聞くだけでカッとなったが、BSには報道インフラが全くないわけだから、報道を口説き落とさないことにはこの企画は実現しない。ここは辛抱、すべて胸におさめて、報道の言うことはなんでも聞こうとふたりで合意した。短気な北林さんが隠忍自重、粘り強く交渉して、最後は報道も「じゃあ、やりますか」となった。

ただし、条件つき。解説委員の活躍の場がなかなかないので、解説委員を曜日ごとに貼り付ける「曜日編集長制」とし、企画もこちらに任せてほしいと。1週間のベルト番組で、縦割りにされてしまうと番組が硬直化してしまう。北林さんはもちろん、私も割り込めないながら大反対。解説委員は報道プロパーで、記者としてのキャリアは豊かでも、番組作りという意味では素人だ。しかし報道は、認めなければこの話は受けないと言い、北林さんも飲まざるを得なかった。

番組の顔、キャスターのキャスティングは、北林さんが口を挟ませなかった。番組が硬派路線、大人の男、いわばおじさん以上を相手にした番組だから、フジテレビの看板女子アナ、『めざましテレビ』でブレイクした癒し系の八木亜希子さんをメインで行くと決めた。男性キャスターについては、政治担当記者としてキャリアのある反町理君（現フジテレビ報道局解説委員長）に。八木さんと反町君のツーショットは〝美女と野獣〟で、テレビ映えがした。

スポンサー探し

難航したのはスポンサー探しだった。今までこの放送枠についていたスポンサーが、これまでの番組とあまりにもカラーが違うから降りるという意思を示したのだ。ＢＳフジの社運を賭ける大勝負だけに、営業任せではなく、北林さんにも責任が及ぶ。私も営業とは違うルートでスポンサー探しに走った。

いまだに感謝しているのは、宋文洲さんだ。営業支援システムなどを主力とする「ソフトブレーン」の創業社長である中国人の宋さんが北大留学中の89年に、天安門事件が起きる。事件を機に中国に帰った人もいたが、宋さんは日本に残り、札幌で起業。その後、東京に進出してソフトブレーンを成功させ、中国人として初めて上場した。日本が大好きで、愛嬌たっぷり、フットワークがよく、直言居士でもある。財界人を含め、ビジネス世界のトップ級の人々にかわいがられていた。

宋さんとは私がフジテレビの総務担当役員の頃に知り合った。日枝さんから、「役員昼食会を活性化したい」と指示があり、月に1回、ゲストスピーカーを招いて意見交換をする会にした。宋さんは私が選んだゲストのひとりで、その後、家族ぐるみのつきあいもあった。

ソフトブレーンに出向き、「実はスポンサーがなかなかつかなくて苦労しているんです。こういう話を積極的に聞いてくれそうな大物を紹介してもらえませんか」と頼んだら、あっという間に、トヨタ、三井住友銀行、旭化成……と、名だたる企業トップに会わせてくれた。宋文洲は信頼され、かわいがられているのだなと実感した。

そんな流れの中で、当時、富士通社長だった野副州旦さんを紹介してもらい、北林さんと会食の席を持った。野副さんは「将来期待できる番組ですね。正攻法で本気でチャレンジするなら、応援します」と即断してくれたのだ。初めてお会いした夜に30秒の提供スポンサーを約束してくれ、翌朝すぐにアクションを起こしてくれた。こうしてスポンサー第1号は富士通に決定。今でも私は、富士通さんに足を向けて寝られない。

番組が始まった年の11月、会長となっていた日枝さんから「すぐに来てくれ」と連絡があった。飛んでいくと、「これを見てくれ」と1通の手紙を渡される。その手紙は、「最近、御社の素晴らしい番組と巡り合えましたので、一言、感想申し上げたく……」との書き出しで、「毎回とても見応えがあります。様々なことを大変分かりやすく解説してもらって勉強になります。『プライムニュース』のような番組が、さらに多くの視聴者を得ることをお祈り申し上げます」と続いていたのだ。しかもここからがすごい。「このような良質な放送番組を支援させていただくことは、私どもの社会的な使命とも存じておりますので、可能であれば、『プライムニュース』の提供社に加えていただければ幸いです」とつづってあった。

この差出人は、超トップ級クライアント企業の会長さんだった。日枝さんはこれをすぐに私に読ませてくれたのだ。「これ、コピーにしてみんなに読ませていいですか」と聞いたら、「内々にしとけよ」と、喜んでいた。

ナベツネ登場！

読売新聞のナベツネさんこと渡邉恒雄さんが『反ポピュリズム論』を出版し、これを読んだ北林さんも私もさすが読売新聞主筆、大教養人だと圧倒された。北林さんが直々に、読売新聞に出演交渉。しかし、なかなか返事をもらうことはできなかった。

ある夜私は、渡邉さんはやっぱり新聞人だから、北林さんが直接手書きの手紙で出演を依頼するのがいいのでは、と提案した。北林さんは達筆、文章もうまい。数日もしないうちに、「渡邉が出させていただきます」と読売の秘書室から返事が来た。「ただし生放送だと、何が飛び出るのか分かりませんので、収録にしていただきたい」との条件つきで。

あのナベツネさんのＢＳフジ出演が実現したのだ。ナベツネさんが出れば、メディア業界をはじめ、『プライムニュース』が話題になる。有り難いことだった。

この話にはちょっとおまけがついている。おそらく、放送後に様々な反響がナベツネさんに届いたのだろう。大して間を置かず、ＢＳ日テレで夜10時の1時間ベルト、生放送の報道番組『深層ＮＥＷＳ』がスタートしたのだ。これは仄聞《そくぶん》した話なので、どこまで本当の話か分からないが、「フジテレビにＢＳフジの『プライムニュース』があって、なぜ日本テレビのＢＳ日テレにはないんだ！」とご本人が吠えたとか。ナベツネさんの出演は、ＢＳの世界にもいい影響を及ぼしたようだ。

キャスティングの妙

生放送の報道番組にナベツネさんのような大物、政治家が出演すると、新聞やネットの見出しに載るような発言が時として飛び出すから、他メディアが注目する。最近はそうした傾向がいっそう強くなってきているから、引用されることを積極的に期待したキャスティングも目につく。

『プライムニュース』も、3人の元アメリカ大使、3人の元防衛大臣のようなキャスティングの妙があって、見ていて感心する。中国をめぐって3人の元大使が勢ぞろいすると微妙に発言の色合いが違う。それぞれの発言の裏を読み取り、結構楽しめるのだ。

『プライムニュース』は、政治家、官僚、経済人、ジャーナリスト、学者など、分野を超えて多彩な人をキャスティングしているので、出演していただいた方たちが交流できる年に1度のパーティーの場を作った。ハイレベルな〝異業種交歓会〟になるという日枝さんの考えで実現したのだ。20年は新型コロナの影響で中止になったが、毎年3月のこの会は、大物だらけの名物パーティーとなっている。

ニュースに求めること

ＢＳフジ、ＢＳ日テレに続き、ＢＳ朝日が週末ゴールデンタイムで『日曜スクープ』を、ＢＳ－ＴＢＳも日〜金のベルトで『報道１９３０』を放送するようになった。『プライムニュース』をきっかけに、ＢＳ放送のプライムゾーンで報道を核にした競合が始まったことは、視聴者にとってもよかったのではないかと思っている。

ひるがえって、地上波はこれからどうなるだろうか。

民放各局ともニュースのメインゾーンを、夕方の5時から7時までの2時間に編成している。テレビ朝日の『報道ステーション』は夜10時からなので例外だが、大方のビジネスマンは、早くて夜7時のＮＨＫニュースか、後は夜9時のＮＨＫニュースを見るのがやっとだろう。夜7時を過ぎると民放はバラエティが中心で、夜9時以降はドラマが多い。長年にわたり変わらざる編成である。夕方から、表も裏もニュースばかりという時間帯に、どこかの局がそのゾーンを生のバラエティにでもして、その分、夜7時から9時までの間をニュース情報番組にあてるということもあっていいのではないか。この時間帯、ＮＨＫのニュースを除けば、ほぼバラエティだらけなのだから、どこか1局ぐらいたっぷりと予算を使って、知恵も工夫もぶち込んだ本格的な大型ニュース情報ライブ番組を編成、〝危ない橋〟を渡るような局もあっていいんじゃないかと夢想する。

そこまでしなくても、夕方のニュースや朝帯の情報番組など、たっぷり時間枠のあるところは、新型コロナに限らずレギュラリーに世界で今何が起きているのかをまめに伝えていると、売り物になるのではなかろうか。

例えば20年の米大統領選。選挙近くになると、各局、どこも集中豪雨的に、朝から晩まで流す。その間、フランスで何が発生しようと、イランで何が起きようと、アフリカなどほとんど関係ないと言わんばかりだ。普段から国際ニュースを多元的にフォローし、ボリュームを増やしておくと、日中関係、日米関係のみならず、世界が今どう動いているのかが少し見えてくる。面白映像も楽しいが、ヒマネタを扱うより、番組の質を高めるし、信頼される根拠のひとつになるのではないかと感じるが、どうだろうか。

私の場合、朝の４時か５時には目が覚めるので、まずは日テレかＴＢＳのニュース番組。その後、産経新聞、日経新聞に目を通し、散歩を挟んで、ＮＨＫのＢＳ『ワールドニュース』やネットニュースをチェック。あとは８時からの『キャッチ！世界のトップニュース』を見る。この番組は、ドイツ、フランス、アメリカ、ロシア、中国、韓国、中東まで、主要なニュースをカバーしていて面白い。情報番組で伝えたらスタジオも盛り上がるのに、と思うニュースがよくある。

『プライムニュース』の企画段階からど真ん中で私と組んで、北林さんにプレゼンテーションしてくれた上野修平君は、今も現場で、プロデューサーとして反町君をしっかり支えてくれている。

その上野君が、保守評論家、西部邁さんが亡くなられて以降、日本や世界の在り方についてしっかりしゃべってくれるご意見番がいなくなったので、どなたか紹介してほしいと言ってきた。

そこで中国古典の第一人者、大ロングベストセラー『漢文法基礎』で知られる碩学《せきがく》、加地伸行さんを引き合わせることにした。阪大の名誉教授でもある加地先生とは、ご縁があって親しくさせていただいている。

過日、上野君とふたりで大阪へ向かった。加地先生は85歳というご高齢だが、痛快で実にユーモアたっぷりに語る座談の名手。加地先生には『プライムニュース』に出ていただき、ぜひ「中国と中国人」を深く語っていただきたい。その日を勝手に願っている。

第7章

テレビ屋、最後の仕事

05年に情報制作局とスポーツ局を担務する取締役になった。1年後に常務に就任し、総務、人事、情報システム、番組審議室、CSR推進室担当。07年には専務となり経営全般、株主総会、お台場をベースとしたIR（統合型リゾート）プロジェクトなどを担当した。制作現場を離れ、管理部門に移った際には、親しくしてきた現場仲間から「似合わないよネ！」と、ひやかされたが、もともと総務や人事には不満も注文もたくさんあった。なんでもっとホスピタリティ、サービス精神がないのかと。やり甲斐満点の気持ちを持って臨んだ。「管理」という言葉が嫌いだったので、クリエイティブな気風に変えていこうと決意していた。

いつの間にかテレビの現場を離れたが、私はテレビ屋だった。その頃も今もずっと気になっているのは、制作プロダクションのことだ。

大小様々な制作プロダクション、派遣会社がテレビ局の番組制作を支えている。放送局の採用人数は少ないし、採用されても制作現場に配属されるとは限らない。「あんな番組を自分も作ってみたい」と強烈な希望と野心を持ち、クリエイティブな感覚と可能性に恵まれた若者がプロダクションに来てくれなければ、テレビ業界全体が落ち込み、衰亡しかねない。

ゲーム世界、デジタルメディアより魅力ある職場環境を作れるのか、ディレクターとして一本立ちできる可能性はあるのか。番組、コンテンツが放送局の生命線であるなら、放送局経営者と局員が制作プロダクションとの「イコール・パートナーシップ」の精神を実体化すべきではないかと考えるが、いかがだろうか。

制作プロダクション

イコール・パートナーシップ

07年1月、フジテレビと強い関係にある制作プロダクション、日本テレワークと関西テレビが共同制作する日曜夜9時の『発掘！あるある大事典Ⅱ』で、〝納豆を食べて痩せる〟〝納豆にダイエット効果あり〟の特集があった。ところが、そのデータに問題があると『週刊朝日』が取り上げ、関西テレビが調査したところ、実際には血液検査を行っていないのに虚偽のデータを出していたことや、外国の専門家がインタビューで答えた内容を番組の方向性に合わせてでっちあげの吹き替えをしていたことが判明。過去の番組を点検していくと、健康やダイエットをテーマにさらに疑惑の回があることも分かった。番組の打ち切りが決まり、関テレのみならず「放送局とプロダクションの関係に問題があるのでは」と深刻に議論されることになった。

第４章で話したように、私自身もドキュメンタリー番組『ザ・ノンフィクション』で、番組の真実性を疑われ七転八倒したが、それもプロダクションとの信頼関係に原因があった。編成局長だった重村さんが「イコール・パートナーシップ」という言葉を前面に出して、「局とプロダクションは対等の関係を持つことが大事だ」と当時既に発言していた。

私も局側のプロデューサーとして、プロダクションに強権を発動したことがなかったとは言い切れないが、彼らが存在しなければ仕事ができないとの認識を深く持っていた。「イコール・パートナーシップ」の精神で仕事をしてきたとの自負があった。プロダクションから著作権について権利要請があった際には、局内で著作権をシェアすべきではないかと主張したり、プロダクションの生の声を聞くための実態調査をやってみたりもした。

07年、村上光一さんの後に豊田皓さんが社長に就いた時は、「ＡＴＰを早速に表敬訪問しませんか」と勧めた。ＡＴＰ（全日本テレビ番組製作社連盟）とは東京、大阪を中心に主要なテレビ番組制作会社約１２０社が加盟する団体である。ここには番組を通じて知り合ったメンバーがたくさん参加していた。局はなかなか彼らに敬意を示すタイミングがない。豊田さんは報道、営業の出身でプロダクション事情にそれほど詳しくはないが、表敬の意味をよく分かってくれて、すぐに「行きましょう」と言ってくれた。就任したてのキー局社長が挨拶に訪問するなど、前代未聞。みんな喜んでくれた。

コロナ禍による経営ダメージで制作費の削減が行われているが、プロダクションにマイナス連鎖すると、それは負のインパクトとして局に大きく跳ね返ってくるのではないかと危惧している。

人材育成

新人十訓

私は、放送局員は、自分が他人様からいかなる存在に見えているかを客観的に知っておくべきだと考えていたので、新人研修は大事な場だった。

フジテレビも4月に新入社員が入社してくると、2週間ほど座学を中心に新人研修を行っていた。私は私家版「新人十訓」を作り、毎年時事ネタを入れて膨らませながら、それをもとに1時間受け持った。

一、講義を聞く時は、講師の話がつまらなくても頷くなど大いにリアクションをし、適時にメモをとるのが、マナーである（講師を勇気づける、そのくらいのサービス精神、礼儀が必要だよ）

二、テレビは安定期から変革期に突入している。危機の時代に生きることを覚悟せよ（映画が娯楽の王様から転落、テレビの時代に。そしてインターネットによるメディアのパワーシフトが起きる可能性がある）

三、豊かな想像力を持って生きよ。テレビ局の社員は社会からルサンチマンの対象であり、侮《ぶ》蔑《べつ》の対象でもあることを自覚せよ（醒めた目で見られ、時にはバカにされてもいる）

四、テレビは弱者のライフラインである。高い倫理観、使命感を持ってテレビの役割を考えよ。テレビの存在意義は娯楽を含め社会のためになること（経済的に、新聞を購読できない、スマホを持っていない人もいる）

五、会社が何をしてくれるかではなく、自分は会社の役に立っているかどうか常に考えよ（そうではない先輩たちが、実に多い）

六、不条理に遭遇した時、逆境の時、良質の楽天性を持て（存在そのものを否定されることもある）

七、慣れを怖れ、当事者として常に緊張感を持って生きよ（一人前になったと軽々しく思う

な）

八、いつの日か、すべてを相談できる先輩をひとりは持て。悪い先輩を反面教師とせよ（自分ひとりの知恵だけでは生き残れない）

九、グローバルな視点を持て。放送局がドメスティックな企業では諸君の将来は暗い（国内だけの競争ではなく、世界市場を意識しろ）

十、誰にも負けない努力をした上で、自分のことは後回し（それくらいの大らかな精神を持って生きよう）

「誰にも負けない努力をした上で、自分のことは後回し」は「もちろん私もいまだにできていないが」と、時に笑いを交えながら行った。ランチ後の午後一の講話で時に居眠りをしてしまう新人を見つけると研修室から廊下に出てもらった。新人には、何でも貪欲に、すべてが自分の栄養になると思って欲しかった。

伊藤忠の元社長、丹羽宇一郎さんの言葉に「30代は蟻のように働け」がある。同感だ。もらっている給料にまるで見合っていない自分。自分に厳しい認識を持っていれば打たれ強くなるはずだ。毎年4月、新人に講話するこの十訓を、自戒の十訓にもしていた。

局長研修

人事担当役員として様々な研修を行ったが、私が一番力を入れたのは局長研修だった。当初、セミナー会社がいくつものメニューを持ってきてくれたが、座学もロールプレーも、いかにもなメニューが多かったので、フジテレビ仕様を一緒になって考えた。会社横断の新規事業プロジェクトを進めていたので、若手から提案されていたアイデアをどうブラッシュアップし、組み立てるか、思考法のバリエーション、仕掛けの編み出し方など、できる限り実践的な研修にした。

どこの会社も、研修にはエネルギーを注ぐ。受ける側が大いなる刺激を得て現場に戻るには、相当なクリエイティビティが必要だと、いつも感じさせられた。

テレビと新聞

社長職と会長職

13年にフジテレビの親会社フジ・メディア・ホールディングス代表取締役社長に就任する。私は持ち株会社よりフジテレビを動かしてみたかったのだが、そうはならなかった。

フジ・メディア・ホールディングス（ＦＭＨ）は、フジテレビを中核とする、ニッポン放送、ディノス・セシール、サンケイビル、ポニーキャニオン、扶桑社、共同テレビなど子会社を統括する認定放送持株会社で、総売上げが７千億円近く。

社長として月に一度、社長会を主宰し、現状認識を示し、各社の現況報告を受け、情報共有を図る。株主総会が終われば海外の大株主へのＩＲ、経営状況など投資判断に資する説明に出向く。時には子会社の経営陣の間で見解の相違があり、何度も出向き、もつれた糸を解きほぐすこともあった。お台場を舞台にしたＩＲ（統合型リゾート）、戦略特区に関しては、株主の大きな関心事であり、ホールディングス社長として情報収集には力を入れていた。

ホールディングスの社長は2年で退任。

今振り返れば、肩に力が入りすぎ、短兵急だったと思う。インターネットメディアに象徴されるように、メディア環境が急速に変化、すぐにもテレビが太刀打ちできなくなるのではないかという危機感に苛まれ、ドラスティックな改革をしようと焦りすぎたのだ。

そして、大手町の産経新聞社代表取締役会長に就く。

フジサンケイグループにとって、一方の旗頭がフジテレビなら、もう一方は言論機関である産経新聞。新聞全体の部数が毎年急速に減少する状況で、グループとして産経をどうサポートするかは大きな命題だった。

私は06年から、産経の社外取締役を務め、カウンターパートでもある産経専務と様々な案件に取り組んできたから、現状をそれなりに認識できていた。

かつて日枝さんに、「もしフジから産経に常勤役員として行くとするならば、誰だろうか」と問われ、「僭越《せんえつ》ながら私が一番適任じゃないでしょうか」と大真面目に答えていた。産経は「国益」を基本に保守言論を展開する重要な新聞であり、迷うことなく応諾した。


テレビと新聞の経営のかじ取りで違うところは、基礎数字の違いだ。テレビは視聴率次第で経営全般があっという間に変わってしまう。視聴率が数年後にどうなるか読めないので、中期経営計画の立案が難しい。

一方、新聞は、毎年の部数の減り具合をさかのぼれば、今後の予測がかなり正確にできる。販売部数が基本データなので、それをベースに今後のリスクをシリアスに押さえた上で、危機を可視化させる。業界として新規事業は得意ではないが、新たな収益をどこに求めるのか、〝デジタル新聞〟にどうパワーシフトしていくのか、スタックしている現状を正確に把握しつつ、熊坂隆光社長（現相談役）と1年がかりで中期経営計画を策定した。

加藤達也ソウル支局長が、韓国の朴槿恵大統領についてネット配信した記事をめぐり、ソウル中央地検が支局長に韓国からの出国禁止を命じ、出頭を要請した。裁判では、最終的に産経新聞が勝訴。年末、その一報が届いた時に、大手町は大いなる高揚感に包まれた。

事前に勝訴の場合の「号外」を準備していたが、私は「東京周辺、大阪もインバウンドの外国人が増えてきているから、英語の号外もいいんじゃないか」と提案した。「やってみよう！」となり、無罪を意味する「ＮＯＴ ＧＵＩＬＴＹ」の大見出しを立てた英語の号外も配られた。

最後の仕事「JAPAN Forward」

大手町に来て2年目、ムラムラと闘志がわいた。人のやらないことに、チャレンジしたかったのだ。読売の『The Japan News』をはじめ、朝日、毎日、日経、全国紙はみんな英字新聞を持っている。産経は残念ながら、持っていない。

欧米やアメリカなどのリベラル系の新聞、反日系のメディアから産経は名指しで、「右翼新聞」「極右メディア」というレッテルを貼られていた。私が大手町に移った頃、Wikipediaに「産経新聞は日本を代表する右翼新聞」と書かれていて驚き、「こんなこと放置しちゃ駄目だ」と指摘したことがある。産経新聞は「国益」を基軸に、日本の歴史、文化に価値を認め、日米、日中関係、安全保障問題など堂々の論陣を張る新聞である。だが、英語で発信されない限りは、その論調も正確には伝わらず、一方的にレッテル貼りをされる。

私はもともと、日本の対外発信力を強化することが国家的な課題だと確信していたので、大手町を拠点に、産経の主要な記事を速やかに英語にして発信すると同時に、オリジナルの記事、論考を配信する、全く新しい英語ニュースオピニオンサイトを作れないかと考えた。

新聞自体の経営が厳しい状態で、社に資金的な協力を仰ぐことはできない。産経の主張を英語発信するとの目的で、人的支援を仰ぎ対外情報発信室を作ってもらった。一方で、サイトを運営するための資金を自力で集めようと、ありったけの人脈、支援してくれる方々の紹介を得て、資金集めに走り回った。最低でも2年間、どこからも入金がなくても運営できる資金が口座に確保できるまでは、スタートしないと覚悟を決めた。どなたも趣旨には賛同してくれたが、リターンなしでは……が本音。大真面目に「国益」を語り、正面からご寄付をお願いして回った。テレビの現場時代にお世話になった方々が、助けてくださった。産経に来てから知遇を得た方も、応援してくれた。大口を約束してくれたが、途中見解の相違となり流れたりもした。枕元の〝大福帳〟を足したり、引いたり、口座の額が夢に出てきて、寝汗までかいた。キャッシュをかき集めるのに1年がかりだった。有元隆志正論調査室長はじめ、産経の諸君も大いに協力してくれた。

17年1月、一般社団法人を設立し、6月に「JAPAN Forward」をスタート。「日本と日本人の素顔」を世界に多元的に発信する英語ニュースオピニオンサイトとして開始したこのサイトは、このコロナ禍でも順調に、力強く、成長している。

21年に入って、Facebookのフォロワーは約１４７万人。アクセスの6〜7割がアジアの英語圏からで、かつてのイギリス植民地であるミャンマー、インド、後はフィリピン、シンガポール。中国を取り囲むように、ＡＳＥＡＮ諸国を中心に読者が増えている。配信して3年半で、大手紙の英語サイトをごぼう抜きにした。これから北米にどう広げるか、内藤泰朗編集長が知恵を絞っているところだ。

新型コロナの災厄にあって、どこも自国ファーストで余裕がない。インターネットは、フェイクニュースも含め玉石混淆《こんこう》。信頼されるコンテンツを増やし、日本と日本人が国際社会でより理解されるためのメディアに育てたい。

この1月にはＰＨＰ研究所から『日本を貶めるフェイクニュースを論破する！』を出版した。一部欧米主要メディアがいかに〝反日報道〟を繰り返してきたかを実証的に批判した一冊だ。

「JAPAN Forward」はＪＲ東海の葛西敬之名誉会長、畏敬する漢学者、加地伸行先生が理事で、北京、ワシントンで特派員生活を経験した第一級のジャーナリスト、古森義久さん（産経新聞ワシントン駐在客員特派員）が特別顧問、奥様のアメリカ人弁護士、スーザンさんも編集スタッフとして参加されている。さらに、意図的に日本叩きを続ける海外メディアに対してエビデンスをしっかり挙げた上で反論を続けている大正大学名誉教授のアール・キンモンス先生、イギリスのビジネス経済人であるピーター・タスカさん、他にもオーストラリア、イタリア、フランスなど、若手からベテランまで多彩な人々がこの新興メディアを支えている。

　ワイドショーのディレクターが最後にたどり着いたのが、英語ニュースオピニオンサイトのプロデューサー。人生はエニグマ、謎に満ちあふれている。私は大事なことは「ゴルフ、酒、そして国益」と言って笑っているが、どうやら、これが最後の仕事になりそうである。

あとがき

私のテレビ屋人生は、50年前に『小川宏ショー』のＡＤから始まった。やる気満々の30代で『おはよう！ナイスデイ』のチーフディレクター。局長に昇格した後もワイドショーが主戦場だった。ワイドショー体験が良くも悪くも自分の仕事のノウハウを作り、私を形成した。希望したが報道局員として省庁を担当したり、政治や経済を正攻法で学ぶ機会には恵まれなかった。私にとってのルサンチマン、インフェリオリティーコンプレックス（劣等感）となり、〝逆バネ〟として働いた。

番組制作を中心にすべての権限を持つ編成はテレビ局の中枢だが、そこでも仕事をする機会が得られなかった。

編成は会社の表から裏まで知る立場だから、知りたくない事情まで分かってしまう。経営事情で制作費全体の予算が削減されたら、どこで帳尻を合わせるかの面倒な問題が発生する。現場にその内実、内情をしゃべるわけにはいかない。主要なネット局との様々な駆け引き、やりとりもある。編成に対して慮《おもんぱか》らなければならない時もあるのだ。分かっていながら私は自分の番組にダメージを受けるような仕置きに関しては、「冗談じゃない、なめんなよ」とつっぱね、忖度しないで生きてきた。「恫喝《どうかつ》のしすぎ」と時には注意されたが、弱者の居直りみたいなもので、それが〝テレビ屋〟として生きるためのエネルギーだった。編成時代の重村一さんは、私の気質を最も理解してくれていた。

ワイドショーが自分の居場所になる前、『夕刊フジ』に出向、4年半の記者経験を積んだ。先輩たちは多士済々で、今も保守論壇、ネットで大活躍している高山正之さん。フランスに関して当代一級のジャーナリストである山口昌子さん。マニラ、ニューヨーク支局長を経て、ボーン・上田記念国際記者賞を受賞、女性初の論説委員長になった千野境子さん。司馬遼太郎ばりの読ませる文体を持つプロ野球評論家の近藤唯之さん。後に『サイゴンから来た妻と娘』で大宅壮一ノンフィクション賞を獲る近藤紘一さんが、ベトナム戦争取材の疲れを癒していた。

文章作法では、徹底的にしごかれた。やっとの思いで書き上げた原稿をデスクに渡すたび、ピッピ、ピッピとやたらに速いスピードでグイグイ消され、さっと書き加えられ、無駄な形容詞や修飾語、副詞を削ぎ落とされる。気持ちがいいほど無駄のない文章になっていく。「これが新聞原稿なんだなあ」と思い知らされた。渡されたタクシーチケットの束を紛失、始末書を書いた時も、あっという間に直してくれた。

75年の元日、長野県青木湖畔で起きたスキー客送迎バス転落事故では、志願して厳寒の中取材を重ねて、やっと第一報を電話送稿できると思ったら突然の腹痛に襲われ、たまらずトイレに駆け込むと、取材メモが尻ポケットからポトンと便器下へ。くみ取り式で凍っていたので、なんとか回収。「俺はついてるな」、そんなこともあった。

今も続く人物インタビュー欄「ぴいぷる」では、ジャズミュージシャンのチック・コリア、秋吉敏子、映画監督では蔵原惟繕、藤田敏八など、『夕刊フジ』同僚の手薄なジャンルを攻めた。フランスに住むジャズピアニストのマル・ウォルドロンのインタビューでは、手違いで通訳が同席できないトラブルが発生。マルはもちろん日本語がしゃべれない。立ち会いのレコード会社担当者も、英語はお手上げ。米軍基地のあった北海道千歳で育った私のぶっつけ本番ブロークンイングリッシュでインタビューした。マルの返事の大半は理解できなかったが、この〝インタビュー〟、結構、褒められた。

生まれて初めて海外に出たのも『夕刊フジ』時代だった。アルメニア、グルジア（現ジョージア）とアゼルバイジャン、カスピ海を囲むコーカサス地方への、往き帰り合わせて3週間の取材旅行。74年、金脈問題で田中角栄首相が辞任、森進一さんの『襟裳岬』が大ヒットした年だ。ソ連の国有通信社、ノーボスチ通信東京支局長が同行、24時間監視つきの旅だった。彼をまいて港で写真を撮っていると、一目で民間と分かる人が5～6人駆け寄ってきて、

「何をやっているんだ!!」と取り囲まれた。港は軍事施設であるとの教育が徹底されており、まさにソ連にいるんだなと実感した。グルジアの首都トビリシのホテルのバーでは、並んだボトルに日本人の名札がズラリ。「みんなここまでやって来て必死に仕事をしているんだなあ」と、我が同朋たちに思いを馳せた。

今日は国会、明日はナベプロで芸能人取材。なんでも屋の4年半の後、大阪の営業経由でやっと制作現場へ。32歳になっていた。

フジテレビ時代の忘れ得ぬ人に、横澤彪さんがいる。80年に『THE MANZAI』を制作し、お笑いの世界に大革命を起こした。その後『笑ってる場合ですよ!』『オレたちひょうきん族』でフジテレビを三冠王にした立役者、大プロデューサーである。横澤さんが〝離陸前〟に『スター千一夜』を担当していた頃、私はその配下におり、その後、親しくしてもらっていた。私と北林さん、その前にBSフジの社長になった浪久圭司さんの3人が、年に1度、静岡県三島市の別荘に招かれ、酒宴、カラオケ、翌日はゴルフで奥様があきれるほどに羽目を外していた。横澤さんがフジの役員になっていたら、どうだっただろうか。

横澤さんがフジを退社して、吉本興業に移る際に、去就をめぐりあれこれ書かれたが、フジの編成とバラエティ班は『横澤彪のとんずらスペシャル』と題して、ゴールデンタイムでなんと特別放送を企てた。最高、至上のリスペクトである。役員人事をめぐり、横澤さんにもサラリーマンとして胸に去来するものがあったのだろうが、すべてカラリと笑い飛ばす。フジテレビらしかった。

私もフジ・メディア・ホールディングス社長を2年で退任した折り『週刊現代』に、「わずか就任2年でポイ　激震フジ、かくて社長のクビが飛ばされた」と書かれ、産経新聞社会長退任の時も夕刊紙に的外れなことを書き飛ばされた。

私を発見し、鍛え、育ててくれたのは日枝久さんである。

私の父は、かつて〝空の神兵〟だった。今も私の誇りであり、私には父の向こうみずの血が流れている。深い思慮なく直情径行、真率を気取りリスクなど視界の外だった。理念、理想を酔いに任せて放言し恬《てん》として恥じなかった。私は経営者の端くれになっても、テレビ屋だったのだ。昨年、病床の妻に最後の自慢話をしておこうと思い立った。センチメンタル・ジャーニーを始めてみたら、時に血が沸騰し、なだめてみたもののおさまらなかった。悪意、他意なきテレビ屋の直情、真情とご寛恕されたい。

含羞《がんしゅう》など我が人生にかけらもなく、田舎出そのままの野蛮、時には露悪を楽しんだ。叱咤激励を超えて部下を面罵することも多々あった。慙愧《ざんき》しても今さら及ばない。

メディア環境は、さらに激変していくだろう。願わくは、番組作りこそ生命の面々が、消え去らないことを。

過日未明、近くの砧公園を歩きながら天心に満月を見た。輝きながら輪郭がくっきりと浮き立ち、激しさ、勢いとは無縁に地上を遍照していた。どこまでも穏やかだった。私も、往事茫茫の時に近づいていると感じた。

お断りもせずに実名を記した方々に、この場を借りてお詫びいたします。

出版にあたりお世話になった幻冬舎社長、見城徹さん、編集担当の山口奈緒子さんに感謝申しあげます。

装幀　トサカデザイン（戸倉 巖、小酒保子）

◎著者紹介

太田英昭（おおた・ひであき）

1946年生まれ、北海道千歳市出身。69年中央大学法学部卒業後、フジテレビジョン入社。ワイドショー、情報番組を経て『ザ・ノンフィクション』『とくダネ!』『グレートジャーニー』『プライムニュース』などの番組制作に関わる。2013年フジ・メディア・ホールディングス社長に就任後、15年産経新聞社会長に。17年より一般社団法人ジャパンフォワード推進機構代表理事。ゴルフ、読書、映画と酒、何より国益を大事にしている。

フジテレビ プロデューサー血風録

楽しいだけでもテレビじゃない

２０２１年４月５日　第１刷発行

著者　太田英昭

発行人　見城 徹

編集人　森下康樹

編集者　山口奈緒子

発行所　株式会社 幻冬舎

〒１５１－００５１ 東京都渋谷区千駄ヶ谷４－９－７

電話　０３（５４１１）６２１１〔編集〕

　　　０３（５４１１）６２２２〔営業〕

振替　００１２０－８－７６７６４３

印刷・製本所　株式会社 光邦

検印廃止

万一、落丁乱丁のある場合は送料小社負担でお取替致します。小社宛にお送り下さい。本書の一部あるいは全部を無断で複写複製することは、法律で認められた場合を除き、著作権の侵害となります。定価はカバーに表示してあります。

Printed in Japan　ISBN978-4-344-03757-1　C0095

幻冬舎ホームページアドレス https://www.gentosha.co.jp/

この本に関するご意見・ご感想をメールでお寄せいただく場合は、comment@gentosha.co.jp まで。